艺术设计
ARTDESIGN

高等院校艺术学门类『十三五』规划教材

产品设计造型基础
CHANPIN SHEJI ZAOXING JICHU

主编 胡俊 胡贝

副主编 曾曦 曾力 曹小琴

参编 许晓燕 庄黎 朱炜 李凡

U0303322

华中科技大学出版社
http://www.hustp.com
中国·武汉

内 容 简 介

　　本书包括绪论、初识造型、形态与美感、产品形态中的语意、造型设计与体验创新、形态的处理手法、综合造型基础课题系列练习等方面的内容。本书采用教练结合的方式，辅以案例分析、主题研讨、小组讨论等课堂活动，深入浅出的文字配合近三年国内外最新设计案例，使学生能够更好地了解设计、体验设计并养成反思设计的习惯，尽快树立设计的专业意识。

　　本书适用于普通高等院校工业设计学本科各个方向的设计概论、设计初步课程或专业设计课程的教学，也可供设计专业研究生以及企事业单位的科研、设计人员参考使用。

图书在版编目(CIP)数据

产品设计造型基础 / 胡俊, 胡贝主编. —武汉：华中科技大学出版社, 2017. 1 (2025.1重印)
高等院校艺术学门类"十三五"规划教材
ISBN 978-7-5680-2228-6

Ⅰ. ①产… Ⅱ. ①胡… ②胡… Ⅲ. ①工业产品-造型设计-高等学校-教材 Ⅳ. ①TB472

中国版本图书馆 CIP 数据核字(2016)第 235468 号

产品设计造型基础
Chanpin Sheji Zaoxing Jichu

胡俊　胡贝　主编

策划编辑：彭中军
责任编辑：贺　灿
封面设计：孢　子
责任监印：朱　玢
出版发行：华中科技大学出版社(中国·武汉)　　　电话：(027)81321913
　　　　　武汉市东湖高新技术开发区华工科技园　　邮编：430223
录　　排：匠心文化
印　　刷：广东虎彩云印刷有限公司
开　　本：880 mm × 1230 mm　1 / 16
印　　张：7.5
字　　数：236 千字
版　　次：2025 年 1 月第 1 版第 5 次印刷
定　　价：47.00 元

产品设计造型基础是工业设计学科的核心基础课程，也是当代艺术设计不可缺少的组成部分。笔者经过几年的教学实践、课程研究，已逐渐探索出了一个适应工业设计学科基础形态的教学课程体系。

目前，产品设计造型基础教学中存在以下几个问题。

问题一：技术与观念。产品设计造型基础是从技术入手，以技术性操作为表征的专业基础课程。在这类课程的课堂上，教师经常看到的情形是：学生只关心技术技巧，以为艺术观念是创作时的事情；只注重对新的或旧的经验、样式进行验证性模仿而无须质疑、判断，这样导致的后果是作品缺乏个性且严重脱离实际需求。所以，教师必须尽快使学生了解产品设计造型基础的目的和意义，并自觉地将技术、艺术、科学、伦理等诸多因素统一起来综合考虑。

问题二：工具性和综合素质。笔者认为，学生在艺术上的发展前途取决于其对艺术本质的深刻理解，取决于其良好的视觉意识（视觉的理解能力、想象力和表达力），而视觉技术是不断发展、更新的，学科和专业间也是不断融合、分化的。这就要求学生应具备良好的综合能力和适应能力，在这个问题上，笔者认为建立有机的工作室教学机制是可行的。

问题三：创造性和个性化培养。艺术是没有法则的，学校却是传授法则的地方；艺术是保护和尊重个性及创造性的，学校是将统一的智性知识、技能通过造型训练传授给学生。

为什么要认识产品造型设计？

工业设计学科发展到当代已成为一种系统性的学问，它不仅要去分析、描述客观世界，而且还要在多学科的交叉下重新整合，重新构筑系统，以形成新的语言、新的秩序、新的思想、新的系统。工业设计学科在解决问题的过程中强调方法论，方法论的本质是重组多学科知识结构、重组资源，这也就是创新的方法。

产品设计造型基础课程，正是从根本上弥补了以前传统图案和三大构成对工业设计学科理解上的不足，紧紧围绕"形态"这一中心，综合研究材料、结构、工艺、色彩、肌理等因素与形态的有机联系，协调这些因素之间的关系，力求扬长避短、各尽所能。产品设计造型基础的教学研究的前身是德国斯图加特国立造型艺术学院的设计基础教学课程，雷曼教授从事设计基础的教学和科研活动几十年，随后将其在造型基础教学领域的研究和方法传入我国。

本课程沿着工业设计"分析问题、解决问题"的轨迹，向学生传递工业设计学科的思维方式，并使其树立正确的学科观念。产品设计造型基础课程在整个工业设计学科体系中体现出以下特点。

（1）形成工业设计各基础课程之间的纽带。产品设计造型基础课程综合了形态领域知识、机能技术原理基础、材料科学、结构基础与加工工艺技术和美学等多学科领域的知识，从材料、结构、工艺、色彩、肌理等因素与造型形态的有机联系入手，以协调这些因素之间的关系，力求创造一个合理的、和谐的形态。

比如稳定的正多面体训练，要求学生研究材料，并根据材料的性能给出结构。作业规则：可用不同的材料、相同的单元（基本单元）组成一个稳定的多面体。强调运用各种材料（以线、面、体形式的木、钢材、塑料等），根据材料的性能及构造的形式、节点、工艺达到一个抽象的功能，从而达到稳定。这个稳定的多面体造型，完全是由相同的单元组成。作业的内涵深远，其核心是每个单元形体间的连接方式及节点处理。稳定是抽象功能的凝聚，重复是秩序美的统一，相同单元是工业化生产中标准化的概括。通过材料的选择，材质变换解决构造中的工艺及形式的矛盾，这是一个重要的学习过程。学生在这个训练中，既认识了材料性能和构造工艺的流程，又充分体验到了材料工艺的限制，并通过自己动手制作模型，强化了从构思到制作的全过程所经历的各种问题（如材料、工艺的选择，结构、节点的处理）。这是产品设计中所要解决的关键问题，也是基础教学所要解决的问题。产品设计造型基础课程启发了学生在设计中综合各方面因素、运用各种基础知识、以系统的思维方式来解决问题。

（2）形成"教"与"学"互动的课程评价机制。传统课程，其教学过程的学习和评价是教师和学生相互分离的个人审美感受，这是和工业设计满足大众审美的综合评价体系的学科要求相违背的。产品设计造型基础课程的教学形式探索了课堂教与学互动、设计与市场互动，按照评价体系相互评价和总结的教学模式，这和传统单一的课程形式有着很大的区别。产品设计造型基础课程的训练需要通过大量的实践来完成。因此，本课程运用了"干中学"的教学模式，在训练中，教师引导学生脱离原有的纸上谈兵的学习状态，让学生在实际动手制作中发现造型规律，解决形态与空间、形态与结构、材料与工艺等实际问题。产品设计造型基础课程营造的是一种"在实际制作过程中认识设计、学习设计"的氛围，通过教学、研究与学生的制作、分析，培养学生具有科学的系统分析能力、发现问题的能力及创造性地解决问题的能力。

（3）树立协作的观念，培养科学思维的能力。绝大多数学生，在学习设计之前只是接受过绘画基础教育。首先，在这样的思维模式下表现出来的是平面的表达方式和单一的思维模式。单一思维模式极易使所研究的问题变得孤立、分散，以致最终没有联系，而产品设计造型基础的综合思维模式则弥补了这一不足。其次，产品设计造型基础训练的多元化、综合的思维模式，是将造型的诸多要素综合起来进行研究和分析，系统地权衡相互之间的利弊关系，相互协调以获得最佳方案。最后，设计学科发展到现在，已由感性思维模式转变成综合思维模式。感性思维是一种跳跃式的、非逻辑的思维方式。在这种思维方式下，设计者虽然能够在造型设计中产生许多灵感和突破，但由于其不确定因素太多，因而不能适应现代社会复杂条件下的考验。综合思维模式是一种科学、辩证的思维模式，这种思维方式能够有效地组织设计者的创意，从观察、分析、解决设计问题的逻辑过程中确立初步的批量化生产的概念，从而调动设计者在对待每个课题时，寻找正确的、最佳的设计切入点，以达到最合理的设计效果。产品设计造型基础的训练方法改变了以前的思维模式，从传统的平面思维走向立体思维；从单一学科思维走向多学科交叉综合思维；从感性思维走向感性和理性结合的综合思维模式。

本书可作为产品设计专业或工业设计专业的教材，旨在激发读者对造型设计的兴趣以及想象力。设计学科、行业及产业等各方面的发展日新月异，希望本书再版时能对设计的含义、设计思维的延伸及设计研究的方法等进行更新与补充。由于编者的时间、精力有限，书中不足之处在所难免，恳请广大读者批评指正。

感谢武汉工程大学邮电与信息工程学院建筑与艺术学部产品设计教研室同人的指导与帮助，感谢武汉工程大学邮电与信息工程学院、武汉工程大学、武汉科技大学、仲恺农业工程学院、江汉大学、华中师范大学、湖北汽车工业大学、长江职业学院等院校的相关领导和教师，感谢华中科技大学出版社相关编辑的辛勤付出。书中所引图片很多来自网络，未能一一追溯出处，在此对各图片的所有者表示衷心的感谢。

编　者
2016 年 9 月

第 1 章

绪 论

XULUN

　　工业设计作为一种创造性的活动，其主要任务之一是创造产品的形态。产品的形态并非凭空产生，它需要一个产生、发展和形成的过程，因此如何创造美的产品形态是工业设计专业学习的核心任务。在工业设计专业三大类别的课程设置中，专业基础课是连接学科基础课与专业课之间的桥梁，在这个阶段中完成从无目的的形态构成到真实可用的产品的跨越，产品设计造型基础是专业基础课中重要的课程之一。

　　本书主要阐述了造型基础的概念和意义，借由了解设计的基本要素及其构成原理，使读者在概念上区别造型基础课程与普通的构成课程，明确造型基础研究的主要任务以及适用的造型方法，从而提高读者在进行设计创作时的形态审美。同时，本书包含了作者在工业设计教学过程中的探索与尝试，也结合了具体的设计实践经验与心得，希望能成为读者的参考书。

1.1
课程界定

　　产品设计造型基础简称为造型基础，是一门以研究基础形态的创造、变化，以及形态与功能、构造、材料等关系为主要内容的课程，是联系构成学与实际产品设计的桥梁。广义的造型基础，它的任务是不追求特定目的而只探求无限的造型性，即所有形态创造领域中普遍存在的有关创造性、审美性、合理性的直观能力，同时它也包含了各专业的基础内容。

　　构成主要研究点、线、面、体及色彩间的科学关系，将形态本身当作鉴赏对象来研究，探讨形态所具有的共性，是一种没有明确目的的纯粹的形态创造。而造型基础是从功能和实用的角度来确定形态的，带有很强的目的性，是一种有目的的构成。图1-1所示的香薰灯设计，它的形态来源于灯笼。设计者为灯笼的外形加入了现代气息，再结合功能上隐喻的相似性，巧妙自然地完成了香薰灯设计。

图1-1　香薰灯设计

1.2
学习课程的意义

　　形态设计是工业设计的重要内容，世间万物都以各自的独特形态存在着，工业产品也不例外。好的形态能够给人们带来美的享受，创造美的产品形态是设计者的主要工作内容。产品形态是产品的功能、信息的载体，设计者使用特定的造型方法进行产品的形态设计，在产品中注入自己对形态的理解，使用者则通过形态来选择产品，继而获得产品的使用价值，所以形态是设计者、使用者和产品三者建立关系的媒介，形态设计在工业设计中有着举足轻重的作用。

　　在现代设计教育中，造型基础的训练是以对形态的探索与构造的实施为核心的，这是培养学生的设计感觉和设计能力的重要手段，是学生学习专业设计的基础，它与实际的设计有一定的距离，是通向实际设计的桥梁。在造型基础课程中，对各种形态的分解与组合、创造与变化，可以使学生充分认识形态与尺度、体量、空间、功能、材质、结构、运动等因素之间的相关性。由于要综合考虑形态创造的美感及形态与某些具体要求的关系，所以该课程具有一定的探索性，同时能够促使学生形成系统性的思维能力。

1.2.1　形态的美学意义

　　产品形态的创造，其最终形态所体现出的审美功能有助于整个产品目的性和实用性的实现。正所谓没有永恒的美，造型也是一个不断创新成长的过程。美学的规律具有普遍的价值和意义，对产品的造型需要敏锐的审美驾驭能力和捕捉能力。产品形式美感的产生直接来源于构成形态的基本要素，即点、线、面所产生的生理及心理反应，以及对点、线、面等形式意蕴的理解（见图1-2）。而造型正是将构成的表层结构向深层结构转化的载体，不仅可以为实现产品功能的发挥提供指引，而且它的物质形态和含义也具有审美功能。

图1-2　几何图形家具设计

1.2.2　形态的象征意义

产品设计造型基础需要将各种设计要素有机地联系起来，在物质文明和科学技术高度发达的今天，人们对产品的要求早已不再停留于简单的实用层面，人们还要求产品具备一定的文化内涵、时代特征、现代的审美情趣或象征意味等实用之外的特点。人们在选购产品的时候，除了考虑其使用功能外，还在寻求一种文化、身份、个性的体现、交流以及认同。在对产品进行造型时，其特有的整体形态特征及所蕴含的文化内涵在以人机工程学、设计心理学等学科为依据的设计理论基础上，运用特殊工艺，通过细节处理，通过视觉形态表达出来，达到意象与物象的统一。在产品的同质化时代，要在激烈的商品竞争中处于优势，创作者必须考虑产品的形态，增加产品的感性价值，这是提高产品附加价值和市场竞争力的有效手段。

1.2.3　形态的市场意义

作为设计专业的基础课程，产品设计造型基础是一门强调过程性知识并且实践性很强的课程。结合课题的实践来进行知识的积累和掌握，不仅有利于学生掌握形态创造与演变的方法，还有利于增强学生对造型的思维能力，这是对新形态的探索过程，也是对形态的感性与理性认识相融会的过程。自改革开放以来，我国一直非常重视制造业的发展，但是由于生产力水平与欧美发达国家相比还有一定的差距，经济制度还在不断发展，因此，在一段时间内，中国制造并不能成为优秀产品的代名词。由于外来文化入侵，西方社会的文化和审美观念在国内开始流行，生产企业为迎合这种潮流，单纯地抄袭外来的产品样式，没有建立起自己的风格。随着我国制造业走向世界，国际竞争是不可避免的。如何将中国制造转变为中国设计，走出一条具有中国特色、具有较强竞争力的设计道路，这是我们应该认真对待的战略问题，而产品设计造型基础则将在其中扮演着重要的角色。

1.3
课程的内容

产品形态的创造与艺术形态的创造有很大的不同，设计者在创造产品形态的过程中，不仅要创造富于美感的形态，而且还要处理好形态与功能、形态与材料、形态与结构、形态与工艺、形态与技术的关系问题。本课程强调构成规律、形态组合与创作的综合运用，从设计思维的角度出发，提出具有创新意识的产品造型方法。

1.3.1　形态

1. 形态的概念

形态、色彩、肌理是造型的三个要素，在这三者中，形态是核心，色彩和肌理是依附于形态而产生的。在本书中，我们将主要探讨与形态相关的问题。

形态包含了两层意思，即形状和神态。"形"通常是指一个物体外在的体貌特征，是物质在一定条件下可见的外在表现形式。"态"则是指物体内呈现出的不同的精神特征，是蕴藏在物体内的"精神状态"。形态综合起来就是指物体外形与神态的结合。

　　任何物体都是形和态的综合体。它们之间是相辅相成、不可分割的统一体，是物体内部的力和来自外界的力共同作用的结果。形状是可见的，富有客观性，而神态是内在的，往往带有观察者的主观色彩。在设计过程中，我们既要创造一个美的外形，同时还要赋予形体一个适合于它的美的神态，做到形神兼备。产品离不开一定的物质形式的体现，也就必然呈现出一定的形态，创造美的产品形态是工业设计的主要任务之一。

2. 形态的分类

　　我们的周围充满了各种各样的事物，每个事物各具形态，因而形态可以说是千姿百态、包罗万象的。世界上没有完全相同的两片树叶，形态亦是如此。总体来说，形态可以分为现实形态和概念形态。前者是人们可以直接感知的，如各种产品实物、动物、植物、自然山水等，也称为具象形态；后者是抽象的、非现实的，只存在于人们的观念之中，必须依靠人们的思维才能被感知，如几何图形、文字等，也称为抽象形态。

　　现实形态按照其形成的原因，可分为自然形态与人造形态。自然界客观存在的各种形态都是自然形态，它是人类所有艺术、创造的源泉，是一切形态的根源。自然形态的种类繁多，可分为具有生命力的有机形态和无生命力的无机形态。有机形态是最为活跃、富有生命力的形态，如自然界中的植物、动物，这些形态是生物在成长过程中形成的，大多以曲面或曲线显现出饱满而柔和的美，充满生命力，比如人体就是很好的例子，人体的骨骼、肌肉都充满了形态的合理性与机能性。自然界中各种没有生命的物质的形态即无机形态。这些形态都是由物理的、化学的作用所形成的，如蜿蜒起伏的群山、川流不息的江水，它们与有机形态一起，构成了丰富多彩的自然形态。

　　人造形态是人类在有目的地利用自然、改造自然的过程中所创造出来的，印刻着人类文明烙印的形态。人类利用自身的身体或一定的工具，对各种自然形态进行加工、处理后造就了无数的形态，如建筑、工具等。人造形态的形成有两个重要的方面：一是材料；二是工具。材料是构成形态的本体，工具则是塑造形态的手段。生产力的发展在很大程度上体现在这两者之上。同时，产品的功能、构造等，也对人造形态的形成有着重要的影响。人类通过自身的活动，造就了大量的人造形态，工业产品就是非常重要的一类，我们学习产品设计的目的，也正是要创造美的人造形态，为人类的生产和生活服务。

　　概念形态可分为几何形态和符号形态，它是经过精确的定义和计算而做出的形体，具有庄重、明快、理性等特点。几何形态按其不同的形状可分为圆形、方形、三角形等。

　　圆形包括平面圆、球体、圆柱体、圆锥体、椭球体、椭圆柱体等。

　　方形包括平面方形、正方体、长方体、正多面体等。

　　三角形包括平面三角形、三角柱体、三角锥体等。

　　圆形、方形和三角形是构成几何形态的基础，其他复杂的几何形态都可以由这三者合成。其中，圆形是最完整和稳定的图形，球体是圆满、饱满的象征，其形体表现柔和，富有弹性和动感（见图1-3和图1-4）。

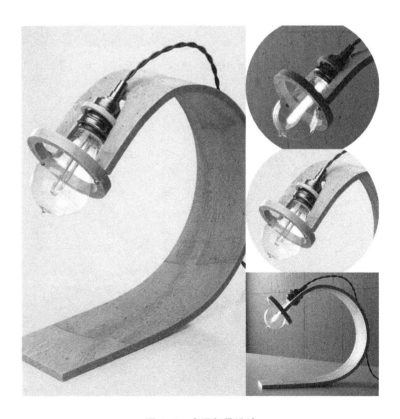

图1-3　桌面灯具设计

　　圆形是一个重要的基本形，在自然界中，圆形无处不在，是最普遍的形态，如宇宙中的星体是圆的，下落的水滴是圆的，鹅卵石也是圆的，如图1-5所示。

　　三角形是一种比较稳定的图形，在产品设计中，很多需要稳定性好的结构大多设计成三角形，同时，三角形具有比较尖锐的特性，从外部看，有一种向外扩张的感觉（见图1-6）。

　　任何一种分类都是按照某一个原则进行的，所依据的原则不同，分类的形式也就不同。从形态的维度来说，形态可以分为线性的一维形态、平面的二维形态、立体和空间的三维形态，如果加入时间的因素，还可以形成四维形态，三维动画就属于这一类。

　　形态的内在性格可分为积极形态与消极形态两种。比如，从雕塑专业的角度讲，应以积极形态为主，消极形态为辅（见图1-7）。

图1-4　恒温奶瓶、音响、加湿器

图1-5　水滴和鹅卵石

图1-6　三角形元素家具

图1-7　雕塑作品

　　而在建筑专业方面，则以消极形态（空间）为主，积极形态为辅，如图 1-8 所示。

　　在产品设计过程中，造型设计人员既要考虑产品外部的美观性，又要考虑产品内部空间的合理性，而结构设计师则更多地考虑内部的消极形态，如结构是否合理。诸如汽车这样综合性的产品，积极形态和消极形态都非常重要，所以在设计过程中形态之间的相互协调也就显得非常重要，如图 1-9 所示。

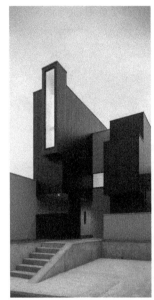

图 1-8　以消极形态为主的建筑设计

图 1-9　兰博基尼概念车

1.3.2　功能

　　功能是产品存在的决定性要素，如果一个产品不能实现其预定功能，就失去了存在价值。随着社会的发展、科技的进步及物质的极大丰富，传统的评价事物的价值标准的内涵得到了极大发展，产品功能不再仅仅指产品的使用功能，还包括审美、文化等功能。比如，设计者在设计沙发时，就必须考虑沙发的形态结构是否能满足坐及倚靠的基本要求，在材料的使用上必须考虑其加工成形的可能性，同时也要考虑沙发的材料对使用者健康的影响因素。沙发的形体尺度比例直接影响到使用者的使用方式及其所放置的环境，这也是设计者要考虑的重要因素。除此以外，在考虑上述要求的基础上，设计者还必须研究沙发的整个形态如何给使用者带来美感享受，这也是沙发最终能否被使用者乐意接受和使用的关键要素。因此，设计者在进行某个产品设计时，必须要考虑产品能否满足使用者的要求，即同时考虑实用功能、审美功能、文化功能等方面的要求。我们探讨造型与功能的关系，旨在满足一般功能的前提下去研究和开发产品形态，最大限度地发挥其功能和价值。

　　形态在具有实用功能的同时，也应该具有很高的审美功能。一个产品的审美价值主要通过其外观给人的视觉感受来体现的。以契合的形态为例，通过契合的方式产生的形态，往往具有很好的整体感和紧凑感，能产生流畅的曲线，给人带来趣味性感受，因而具有很高的审美价值。而组合的形态也具有其独特的审美价值，相同的单元通过有规律的排列和组合，能形成稳定、有秩序而简洁的外观形态，还可以形成对称、平衡的格局，能产生具有现代感且富有效率的理性美。很多排列组合形成的产品形态都具有内在的数理逻辑，因此具有明显的现代特征，能使使用者对产品产生诚实可信的心理感受。

　　通过对设计形态进行实用功能、审美功能及文化功能的分析，我们可以得出这样的结论：优秀的形态设计应该是实用功能、审美功能及文化功能等的多重载体。

1.3.3　构造

　　产品设计中所讲的构造包括形成产品的结构和机构。所谓结构，是指用来支撑物体和承受物体质量的一种构成形式。即使是最简单的产品，也有一定的结构形式。例如，照明用的台灯包含了怎样使台灯平稳地放在桌上，灯座与灯架如何进行连接，灯罩怎样固定，如何更换灯泡，连接电源等构造内容。人们对台灯的部件进行连接、组合，就构成了一个产品最基本的结构形式。产品的功能要借助某种结构形式才能得到实现。不同的产品功能或产品功能的延伸必然导致不同结构形式的产生，而结构的变化也会对形态产生影响。机构是产品中不可缺少的部分，它对产品的功能实现、外观形态、能源消耗、经济成本等方面都有很大影响。良好的机构能节约很多内部空间，使产品的外观形态设计更加自由；同时，还能很好地发挥产品性能，使产品更加易于操作，提高产品的使用寿命。

　　在设计中，产品的形态与构造是紧密相关的。很多产品通过复杂的内部结构和机构来实现其功能目标。各种构造担负着不同的功能，通过不同功能的配合，形成完整的功能链，即产品所实现的最终功能。合理的构造是产品设计的重要基础与保证，通过部分与部分之间的结构与机构，形成平衡的力的作用。不同的功能要求、不同的形态，都需要有与之相对应的构造方式来形成。构造的种类繁多，了解并熟练掌握不同构造的造型规律是造型基础的基本要求之一。

　　因此，作为通向工业设计的造型训练，研究形态与构造之间的相互关系是十分重要的。学习者要认真深入地观察自然，分析和研究普遍存在于自然界中的优秀实例，努力探索设计中新结构的可能性。

1.4
课程的学习方法

1.4.1　主要任务

　　造型基础是设计者通过思考，运用一定的物质材料，辅以其他工具，使用具体的方法，形成可见、可触且符合知觉、意识、思维、知识等要求的，具有创造性的造型活动。

　　形态与功能、构造、材料都有着密切的关系，没有合理、有效的构造支持，没有恰当、自然的材料运用，即使产品的外观形态再美丽，也只能是摆放在橱窗里供欣赏的艺术品，没有任何功能价值。造型基础的工作之一就是如何将形态与功能、构造及材料完美地、有艺术性地结合起来的。我国古代许多建筑屋顶都有非常漂亮的飞檐，这些飞檐大都具有十分复杂的木质构造，木材通过卯榫、斗拱的结构对造型起到了支撑和稳定的作用，使漂亮的造型得以最终实现。因此，在进行造型时，学习者需要注意其外部形态和内部结构的因果关系，从而为进一步深入产品设计提供扎实可行的基础。

　　通过造型基础课程的学习，可以帮助学生建立起正确的形态设计观念，使学生能够成长为具有独特形态理念和设计思维的设计师，学会从自然和生活中发掘灵感，从历史文化中汲取营养，从多元文化的碰撞中得到启示，通过不断提炼与凝聚，将这些创意完美地表达在产品的形态当中，从而不断提高设计水平。

1.4.2 研究方法初步

造型基础研究的主要任务是使从未做过设计、没有任何设计实践经验的低年级学生初步了解和掌握形态设计的简单方法。通过一系列设计思路的展开，培养学生的观察及思维能力，初步具有形态创造能力。

1. 借鉴与模仿

造型与其他艺术作品不同，它更注重实用功能，受到制造工艺的约束。因此，在形态创意过程中，不能只是简单地进行形态借鉴与模仿，而应当取其主体特征，经过理性抽象的高度概括。如图 1-10 所示，设计者借鉴刺猬的外部特征，设计了一款浑身长满刺的插笔座，其实用性和情趣性体现得恰到好处。产品设计是实实在在的具体工作，造型同样也是复杂思维的综合结晶。因为创意灵感的产生是知识学习、经验积累、职业判断交叉的结果，所以适当地借鉴、模仿，学习他人的优点和长处，对造型具有一定的指导意义。

图 1-10 插笔座

人类最初的造型活动和经验积累就是从模仿自然开始的。在造型文化高速发展的今天，前人所创作的灿烂的造型成果，仍然值得我们好好学习和借鉴。例如，家具的设计原则、文化理念与表现手法是和建筑的造型艺术一脉相承的。在新产品方案拟定的初始阶段，可以用图示、文述的形式，通过线条、图形、符号、颜色、文字等视觉元素，将想法和信息摘要式地记录下来。然后从中梳理出有价值、有规律的形态元素，运用逻辑推理、优劣比较、发散收敛、逆向思维、构成变化（分解、组合）等方法，将其运用到造型中。

2. 重构与互融

重构与互融，是对某一类产品、某一组产品或相关群产品进行资料收集、整理、对比、归纳以后，结合现代审美及文化，进行新产品形态设计的方法。一般能深入市场、长盛不衰的产品，大都有其独特的功能造型或文化因素，但是受到地理环境、时代传统等不同条件的限制，这些产品往往带有一定的区域性特色。例如，一提起德国产品，就会让人联想起对技术和质量一丝不苟的严谨态度；一看到明清家具，就会感受到其整体形态所包含的"天人合一"的文化体系。

重构是在保留原始形态基本风貌的前提下，依照现代人的审美观念，对其造型进行简化、变异和重组。重构的方法有简化归纳法、抽象变化法和夸张变化法等。简化归纳是将复杂烦琐的原始形态进行简化和概括，在抓住其神韵与精华的基础上，省略烦琐的局部、细部，使产品形态更加单纯、简洁大方又不失原有的美感。抽象变化是利用几何变形的手法对原始形态进行变化整理，通常用几何直线或曲线对原始形态的外形进行抽象概括，将其归纳成几何形态，具有简洁明快的现代美。互融是将不同性质或门类的造型元素糅合在一起，然后进行重组的方法。它既可以是中外的互融，也可以是古今的互融，是进行产品形态创新的一个非常有效的方法。分析并梳理这些有代表性产品中的主观因素和客观因素，结合国内外材料发展的新技术、新工艺，运用现代设计理念和手段，对原始的形态进行重构与互融，可以成为造型的新亮点。随着国际文化交流，中国与世界的距离越来越小，因此，对于国外的社会文化精粹我们也应该好好地加以研究和利用。

在运用借鉴与模仿、重构与互融的造型方法进行形态造型时，需要根据所设计的产品的主题展开构思；同时，也不能忽视了产品的基本使用要求、用户特征以及材料、生产技术等因素，否则设计出来的形态有可能仅仅停留在创意构想上，而不能转化成现实的产品。本书的后续章节将为读者详细地介绍产品造型的设计方法，希望能够为读者在产品设计的学习之路上起到添砖加瓦的作用。

本章重点与难点

了解课程基本界定，明确学习内容、目的及意义，更好地理解形态、设计、产品三者之间的关系。

? 研讨与练习

1. 试从形态、色彩、肌理三要素分析其在产品造型中的运用。

2. 试用借鉴与模仿、重构与互融的造型方法进行形态造型练习，根据所设计的产品的主题展开构思。注意满足产品的基本使用要求、用户特征以及材料、生产技术等因素。

第 2 章

初识造型

CHUSHI ZAOXING

2.1
无处不在的造型

随着信息化社会的到来，今天的市场里，存在着让·鲍德里亚所描述的惊人的"视觉丰盛"现象。相信每个人都有过在大型购物场所购物的经历，各种不同造型的同类产品在货架上进行"视觉的狂欢"，在这"能指的盛宴"上，或方或圆，或曲或直，或红或绿，或大或小，或简或繁……各种造型争夺着人们的眼球。

造型，即塑造物体的形象，也指创造出的物体形象。如何造型?为谁造型?这些问题一直是造型设计的核心问题。造型在现代工业信息社会中随处可见，深入人们的日常生活。适合的、好的、有意义的造型总是令人爱不释手，同时也为企业带来巨大商机。造型设计是人类物质世界里最外在的视觉表现，设计者在为人类设计生存的环境空间或工具用品的同时，也赋予它一定的外观属性和内在意义，无论这些造型设计是平面的还是立体的，动态的或是静态的，它们都会传达出一定的信息表情被人们感知，同时引起使用者相应的使用反馈。事实上，上述这些造型活动的结果都是以物化的方式存在于生活中的方方面面。

2.1.1 造型与日常生活

在我们日常生活中所见的一切均可称为造型，包含建筑、商业设计、工艺品、绘画等一切平面与立体、静态与动态、抽象与具象的事物。造型与多门学科有关，包含力学、数学、物理、计算机科学等，并且造型充斥于生活之中。如图2-1所示，工艺造型设计、商业造型设计、工业造型设计、景观造型设计、建筑造型设计、服装造型设计等都是以改善生活为主要目的，这些形体具有美观性、实用性、创造性、经济性等特点。

(a) 工艺造型设计（蝴蝶发簪 佚名）

(b) 商业造型设计（太空城KTV 林洲）

(c) 工业造型设计（奔驰-大都市氢电动车概念设计）

(d) 景观造型设计（柏林索尼中心 彼得·沃克）

图2-1 日常生活中常见的造型活动

(e) 建筑造型设计（迪拜的月亮塔）

(f) 服装造型设计（安娜·苏　萧志美）

续图 2-1

2.1.2　关于造型的多重视角

1. 形要从属于型

在工业造型设计的领域里，形要从属于型，在实际工作中也是一样。工业造型设计是作为艺术造型设计而存在和被感知的一种"形式赋予"的活动。形的建构是美的建构，而产品形态设计又受到工程结构、材料、生产条件等条件的限制。当代工业设计师只有将科学技术和艺术有机整合，才能设计出可变而意义丰富的型。设计者通常利用特有的造型语言进行产品形态设计，并借助产品的特定形态向外界传达自己的思想与理念。设计者只有准确地把握形与型的关系，才能求得情感上的广泛认同。

2. 造型的多重性格

造型是营造主题的一个重要方面，主要通过产品的尺度、形状、比例及层次关系对心理体验的影响，让观赏者产生拥有感、成就感、亲切感，同时，还应营造必要的环境氛围，使观赏者产生夸张、含蓄、趣味、愉悦、轻松、神秘等心理情绪。

如图 2-2(a) 所示，对称的矩形显得空间严谨，有利于营造庄严、宁静、典雅、明快的气氛；圆形和椭圆形显得包容，有利于营造完满、活泼的气氛。如图 2-2(b) 所示，自由曲线创造动态造型，营造了图书馆自由、亲切的气氛。曲线对人产生强大的视觉吸引，更自然，也更具生活气息，创造出的空间富有节奏感、韵律感和美感。流畅的曲线既柔中带刚，又有张有弛，可以满足现代设计所追求的简洁和韵律感。如图 2-2(c) 所示，曲线造型所产生的活泼效果使人更容易感受到生命的力量，能激发观赏者产生共鸣。如图 2-2(d) 所示，利用残缺、变异等造型手段便于营造时代、前卫的主题。这种不完整的美，往往会产生神奇的效果，给人以极大的视觉冲击力和前卫艺术感。

所以，造型艺术能够表现引人投入的空间情态，如体量的变化、材质的变化、色彩的变化、形态的夸张或关联等，都能引起观赏者的注意。产品只有借助其所有外部形态特征，才能成为观赏者的使用对象和认知对象，发挥其本身的功能。

(a) HIGH BEGIN 办公室（陈华）

图 2-2　各种造型手法对比

(b) 柏林自由大学语言学院图书馆　　　　(c) 哥本哈根 IT 大学学生公寓　　　　(d) 碎镜与黄昏 （Bing Wright）

(Norman Foster)　　　　　　　　　　　(Lundgaard & Tranberg

　　　　　　　　　　　　　　　　　　Architects 设计事务所）

续图 2-2

2.2
如何认识造型

2.2.1　型与形的理解

　　"型"是语言学中比较常用的词，属于范畴概念。其本义是指铸造器物的土质模子，引申出式样、类型、楷模、典范、法式、框架或模具的意思，如新型、型号。型可分为形和性。形指的是句法层面，性指的是语义特征。"让我百度一下"中"百度"在句法层面上归属于动词的形式（动形），在语义层面上应该化为名词性（名性）。所以形与型的区别在于：形表示样子、状况，如我们近些年的冬天都会买"廓形"的大衣，这里的"廓形"就是此意；型表示铸造器物的模子、式样。

　　当然，结合不同的组词方式和语境，它们的意义会更加容易区分。比如，原形是指原来的形状，引申为本来的面目，如原形毕露；原型指文艺作品中塑造人物形象所依据的现实生活中的人，在界面设计和产品设计中也经常会用到原型设计这一设计环节。

2.2.2　关于课程内容设定

　　本课程里所要解决的造型问题，是透过视觉的经验传达，将信息接收或传输转换成有意义的形，并且具有某种象征意义，经过思维的转换，表达出可视、可触、可观的成形过程的问题。所以，本书中提到的产品造型主要是针对产品外观形态的设计，同时解决产品功能与形式的综合协调问题。

2.2.3 造型的目的与设计原则

1.目的

人类在生活上的各种行为模式都有其目的的，如穿衣是为了蔽体与保暖、搭车是因为希望到某个地方去、居住是为了休息、商业行为的销售是为了将商品贩卖给消费者等。对造型的行为而言，也有其目的性，只是目的性的表现程度不同，对造型的影响程度也有所不同。

造型的目的包含美观性、实用性、创造性和经济性。美观性给人带来心灵的愉悦和视觉的冲击，如图 2-3 所示，由设计师 Mason Parker 设计的吊灯，将章鱼的形态语言准确地应用到灯具的设计灵感中，为室内空间照明提供了新的可能性；如图 2-4 所示的带孔的卷尺，由设计师 Sunghoon Jung 设计，它入围了 2012 年 iF 设计奖。卷尺刻度每隔 0.5 厘米就有一个孔，上方还有一条空心的直线，无须借助圆规和直尺，就可以准确绘制圆和直线，是产品实用性的最好展示和设计本质需求的满足；创造性能促使人类的生活质量的提高和观念的更新，如图 2-5 所示，是由 Frog Design 公司出品的 Revolve 个人风力发电机；经济性主要体现在产品商业化的市场用途，如图 2-6 所示的"漩"龙头设计，由 Ze Va 公司出品。

图 2-3 章鱼吊灯

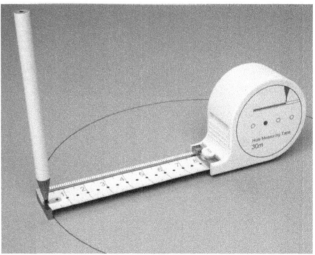

图 2-4 带孔的卷尺

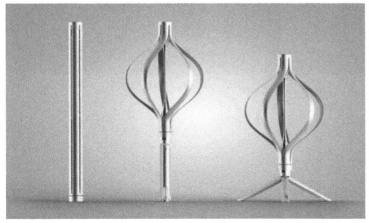

图 2-5 Revolve 个人风力发电机

图 2-6 "漩"龙头设计

设计除了要求视觉上的美观之外，还要求具有实用性与机能性，这些要求与造型的要求是相同的。造型与设计是密不可分的，从绘画、工艺、建筑等作品中可窥其奥妙，简而言之，设计与造型满足了人类生活的需求，更容易在生活中得到运用，使人们的生活变得更加便利及舒适。

2. 原则

(1) 产品形态应清楚表达产品的功能语意，符合操作功能和人体工程学的要求，如图 2-7 所示的厨卫设计 Proficency Sink 是由设计团队 Primy Corporation Limited 完成的。

(2) 产品形态应与环境和谐相处，在材料的选用、产品的生产和在将来报废后回收处理时，要考虑其对生态环境的影响，如图 2-8 所示，是由设计师 Mani Shahriari 设计的循环空气洗衣机。

(3) 产品形态应具有独创性、时代性和文化性。高品质的产品形态能准确传达形态语意，如图 2-9 所示的 SONY 概念电脑，其结构、尺寸、色彩、材料等都能明确给使用者传达信息，引起共鸣。

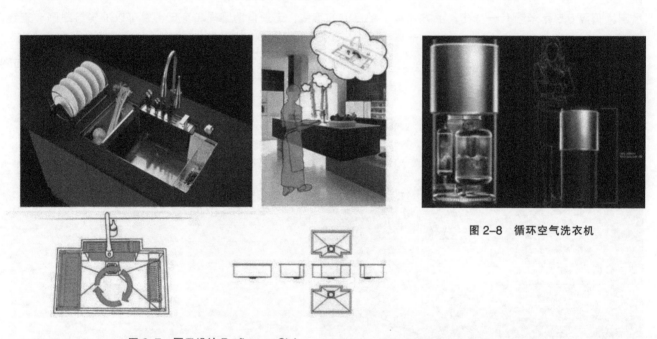

图 2-8　循环空气洗衣机

图 2-7　厨卫设计 Proficency Sink

图 2-9　SONY 概念电脑

2.2.4　对造型活动的认识

造型与人类的起源几乎是同步的，生活之中处处存在造型，设计者可以从视觉、触觉、知觉等感官体验中，体会和感受时间与空间上造型带给我们的不同的效果，使我们的生活充满在造型洋溢的氛围之中。

生活的本质是促使造型发展的动力之一，从原始人类的生活可见一斑，有巢氏的构木为巢，而后人类的钻木取火（见图 2-10），从旧时器时代开始，人们的生活就与造型艺术结下深缘，而造型文化就此萌芽。人类为了维护与大自然相互依存的关系，用手工打制器物，发明了燧石、刀、矛等，用来打猎、谋生、饮食，以辅助生活所需。如图 2-11 所示，这是模拟旧石器时代人类的生活常态，在制作粗略工具的同时，也对造型有了一定的思考，启发了人类从机能性与审美性的角度进行交互联想。进入新石器时代后，畜牧与农耕使人类对造型的要求发生变化；人类进化为群居的生活方式，促使人类对造型有了新的认知，当然也包括生活的经验与宗教的信仰，进而对造型有了更进一步的认识，在食、衣、住、行等各个方面都产生了相当大的文化冲击。与此同时，世界各地的造型文化不约而同地展开，基于差异化的生存条件、地理环境等因素的影响，人们对造型的机能性要求也就不同，如图 2-12 至图 2-16 所示。

图 2-10　钻木取火

图 2-11　模拟旧石器时代人类的生活常态

图 2-12　悉尼歌剧院

图 2-13　迪拜帆船酒店

图 2-14　巴黎凯旋门

图 2-15　北京天坛

图 2-16　伦敦圣保罗大教堂

2.2.5 案例分析：筷子

筷子是东亚文化圈普遍使用的餐具，其造型设计十分适合东亚的饮食习惯。受古代汉文化的影响，日本和朝鲜半岛的居民也学会了用筷子进食。使用筷子进食是一种文化，尽管今天中国、日本、韩国三国都有使用筷子进食的文化，但由于历史和本土化的影响，筷子在三国之中不尽相同。如图2-17所示，日本的筷子相当短，且筷子的形态尖且锋利，通常使用的是木筷子；中国的筷子很长很厚重，主要为木质的，当然有些地方也会用塑料筷子；韩国的筷子很扁平，一般是金属筷子。

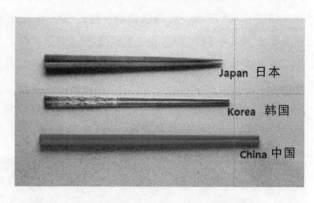

图2-17 中国、日本、韩国的筷子对比

为什么中国、日本、韩国的筷子各不相同？日本人在吃饭的时候喜欢用筷子夹碗，所以他们不需要长筷子。日本和韩国很少使用传统的餐椅，但是在中国，吃饭和坐都是用传统的座椅（或西式），由于盘子离得比较远，所以中国人使用很长的筷子。跟韩国人吃米饭使用勺子不同的是，中国人在吃米饭时也使用筷子，因此他们的筷子不仅长而且很厚实。韩国的筷子既没有中国筷子长也没有日本筷子短，可以夹起豆子又可以在小碟子里面撕开泡菜，所以韩国的筷子更细。筷子的材质也有所不同，日本的筷子多以木质为主，这和他们的饮食习惯有关，日本人经常吃鱼，用筷子时没必要用很大力气，所以日本的筷子尖且锋利，加上木筷子很结实，能够满足日本人的需求。在这三个国家中，中国人吃的食物是最油腻的，木筷子更有利于夹住食物，可以防止打滑；韩国人比较喜欢吃烤肉，所以筷子的材质多为金属。

综上所述，由于种族、地域、信仰的不同，其造型文化和造型艺术的差异也十分明显。

2.3 设计与造型

对造型而言，其基础的专业用词是"构成"，它是伴随着工业设计的发展而发展起来的。构成在《现代汉语词典》中解释为形成和造成。作为造型基础的专用词"构成"，大致由以下两个途径产生。

(1)源于20世纪初在欧洲崛起的构成主义运动。20世纪初，欧洲受立体派影响的画家们，以非具象和排除个人、地域性的表现形态，使用几何学形态及其他国际共同的普遍性形态，选取玻璃、金属、树脂等工业材料为素材创造和发表了用新的量感、概念构成立体造型作品，从而展开独特的造型运动。

(2)来自于德国包豪斯中"ges taltung"一词的译语。用非具象形态和抽象性思考、分解形体再构成，并重视材料质感的应用，以体现新的造型效果等。这是一个新的造型实验方法，建立新观念，培育创造力，把我们的思想从传统的美学思想中解放出来。

2.3.1 产品造型设计的概念与设计的范围

造型设计，是指用特定的物质材料，依据产品的功能而在结构、形态、色彩及外表加工等方面进行的创造活动。作为艺术与技术的结合，无论外观还是完全意义的产品设计或其他相关设计，都必须解决包括形态、色彩、空间等要素在内的基本造型问题。从这个角度来看，形态学是一切造型设计的基础，贯穿于造型活动的始终。造型设计正是以此为基础而展开，融合了技术、材料、工艺等形成一种系统的和谐美。

产品造型的设计范围主要包括原理、材料、技术、结构、肌理、色彩，如图 2-18 所示。

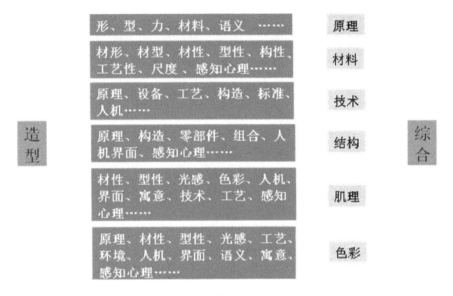

图 2-18　产品造型的设计范围

2.3.2　产品造型设计的基本流程

产品造型设计的基本流程包括如下几个阶段。

准备阶段：①趋势研究，全面了解设计对象的目的、功能、规格、设计依据及有关的技术参数、经济指标等内容；②视觉趋势分析与文化扫描，深入了解现有产品或可供借鉴产品的造型、色彩、材质、工艺等情况，分析市场需求、消费者趋势研究等相关数据。

创意阶段：运用创新思维的方法进行产品造型设计。创新思维的方法一般包括功能组合法和仿生创造法。功能组合法是将产品的多种功能组合在一起，从而形成一种不改变本质的创意产品的方法，如图 2-19 所示。仿生创造法是通过对自然界中的各种生命形态的分析，形成一种具有丰富的造型设计语言的方法。设计者以自然形态为基本元素，运用创造性的思维方法和科学的设计方法，通过分析、归纳、抽象等手段，把握自然事物的内在本质与形态特征，将其传达为特定的造型语言。产品造型设计中的高速鱼形汽车、仿鸟类翅膀的飞机机翼、仿植物形态的包装造型设计等都是模拟某些生物形态经过科学计算或艺术加工而设计的。如图 2-20 所示，通过自然界中的生物形态模拟提炼，对手提箱的外形设计进行创意设计。

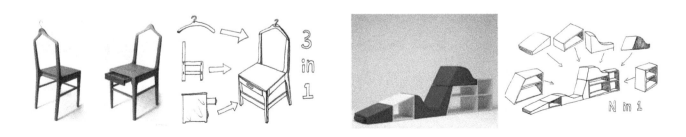

图 2-19　功能组合法：创意家具设计方案

图 2-20　仿生创造法：手提箱设计方案

　　另外也可根据一个主题，采用提问的方式，比如为什么这么做？如何做？应该注意哪些问题？等一系列问题制作针对性较强的思维导图，做头脑风暴的思维训练，如图 2-21 所示。

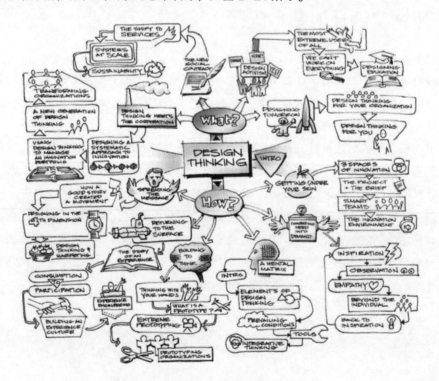

图 2-21　思维导图

　　头脑风暴的具体做法如下。

　　（1）单一主题。

　　（2）游戏规则是不要批评，鼓励任何想法。

（3）主会者应善于对议题进行启发与转化，避免参会者陷入一个方向而不能自拔。

（4）给想法编号。

（5）空间记忆。将所有想法记录贴在墙上，辅助记忆。

（6）热身运动。在开始讨论前先做些智力游戏，伸展心灵肌肉。

（7）具象化。用漫画、故事的方式展示，增强可视性和感知性。

2.3.3　产品造型设计的媒介

语言是表达情感与交流想法的工具与媒介，而造型艺术的语言是一种凭借艺术的表达方式传递情感的工具，透过造型媒介和语言手法表现出来。造型媒介在人类诞生前就存在，它有着古老的历史，作为人类感知和占有的对象，成为造型艺术的语言媒介，几乎和人类本身的起源同步。所以，造型媒介是造型语言的基础，包含形态、色彩、质感、肌理、材料、结构、时间、空间等。

2.4
产品造型设计

产品的价值和意义首先体现在产品与人的关系上，反映在消费者使用产品的行为上。从这个意义上讲，产品的本质属性是"提供服务的工具"。造型是产品设计的基础，产品造型设计是从形态出发，融合了技术、材料、工艺等内涵意义，加入人机、交互、语意、原理、感知心理等诸多环境因素，将造型语言延展开来，实现从基础造型到产品实践、从概念向原型的转化过程。

造型基础、机能基础、材料基础、结构基础、工艺基础并称为工业设计学科的核心基础课程。

一般而言，产品设计造型基础的课程内容包含以下四个环节。

一是掌握造型设计的基础知识和设计原则。

二是设计思维的方法训练。

三是形态的认知和处理技巧。

四是了解设计的本质，实现不同目的（功能）的知识结构。学习者应实事求是地重构造型各要素以整合新系统，即在认识限制中，重组造型各要素，实现创新设计。

其中后三者属于设计能力的培养，也是设计类学生专业基础中最为核心的部分，需要训练学生的创新思维与方法和培养学生解决问题的洞察力、决断力和执行力。

本章重点与难点

1. 通过对日常生活物品的观察，理解产品造型设计的基本概念，并有意识地找到对应的设计案例。

2. 对产品设计的造型活动有自己的认识，理解造型设计是对色彩、材料、质感、结构等要素的综合设计。

3. 对设计的本质有自己的认知，能结合产品试着分析造型活动中人、物、环境三者之间的系统设计观。

？ 研讨与练习

1. 试运用产品设计造型基础的设计程序中的创新思维方法，开展一次有主题的头脑风暴。

2. 试用产品造型设计原则分析一组来自 Beyond Object 的文具系列设计作品（见图 2-22）。

(a) Align 笔

(b) U 盘　　　　　　　　　(c) 摆件

(d) 卷笔刀

图 2-22　Beyond Object 的文具系列设计作品

第 3 章

形态与美感

XINGTAI YU MEIGAN

在第2章中，我们从多个角度对产品造型设计进行了初步认识，也学习了很多关于造型的定义与实现手段等。这一章，我们将从形式与美感的角度讨论产品形态的设计。

只要和设计有关的领域，其本质活动都是协调功能与形式、技术与艺术的二元论关系的统一。比如，道路桥梁的设计(见图3-1)，除了考虑技术与科学的环节，形式与美感在整个设计中也是非常重要的一个部分；在交互设计（见图3-2）中，设计者以人为中心，关注人们的行为与体验，设计出让使用者惊叹的产品，这就是一种美感与技术的双重结合。

图3-1　埃拉斯穆斯桥梁（Ben van Berkel）

图3-2　交互设计

设计者可以通过产品的材料、结构、色彩、功能操作方式等造型要素，实现一种形式与美感，将他们对社会、文化的认知，对产品功能的理解和对科学、艺术的把握与运用等反映出来，形式便被赋予了意义和独有的内涵。好的产品形态能激起人们拥有和使用的欲望，如苹果手机（见图3-3）、飞利浦厨房家电（见图3-4）、索尼电子产品（见图3-5），以及德国汽车（见图3-6），其设计很好地体现了形态的美感。美国认知心理学专家、设计心理学的启蒙者唐纳德·诺曼曾说过："我们有证据证明极具美感的物品能使人工作更加出色……让我们感觉良好的物品和系统能更容易相处，并能创造出更和谐的氛围。"

图3-3　苹果手机

图3-4　飞利浦厨房家电

图3-5　索尼电子产品

图3-6　德国汽车

当代社会，人们在审美方面的需求变得越来越高。特别是年轻人，面对相似的功能，他们更愿意选择看上去更美的设计。视觉体验的愉悦性成为人们做出消费选择的关键因素。我们都曾有过这样的体验：超市里的商品如果是同样的价格，大家多会选择造型、质感、工艺看上去更好的那一款。如图3-7所示，同样功能的墨迹天气APP界面，大家是否会选择体验更好、使用更流畅、界面设计感更强的左图呢？这或许就是设计的魅力。

在实际应用中，设计者有很多途径和方法可以实现设计的美感。本章将会着重从产品形态的层面来讨论美感和一些基本的形式美法则，帮助学习者理解设计形态，分析好的产品形态是怎么演变而来的。

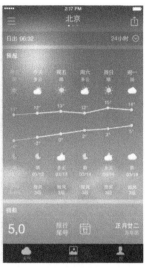

(a)   (b)

图3-7　墨迹天气APP界面

3.1
形态：构成与分类

产品形态的"形"是指产品的物质形体，单指产品的外形；产品形态的"态"则指产品可感觉的外观形状和神态，也可理解为产品外观的表情因素。从一定程度上说，产品设计是作为艺术造型而存在和被感知的一种"形式赋予"的活动，形的建构是美的建构。我们利用特有的造型语言，把握"形"和"态"的关系，借助产品的特定形态向外界传达自己的思想与理念，才能求得情感上的广泛认同。

意大利文艺复兴时期的建筑师认为，人类本身是一切美的根基。"人是衡量万物的尺度"。建筑、雕塑、绘画、音乐等都会依据人体比例来确定形式关系。

20世纪上半叶，现代主义设计运动发起人之一的建筑师勒·柯布西耶（Le Corbusier）曾尝试量化人类的比例尺寸，以辅助建筑与产品的设计，如图3-8所示。

依据形的属性和来源，我们一般把形态分为自然形态和人造形态两个方向。

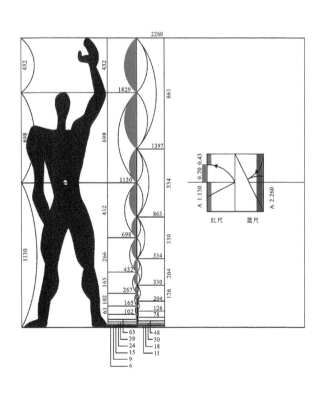

图3-8　量化人类的比例尺（勒·柯布西耶）

3.1.1 自然形态

自然形态是自然界中各种客观存在的形态，由生物形态和非生物形态组成。生物形态多指具有生命力的形态，包括动物和植物；非生物形态则指的是无生命力的形态，比如山川、河流、云朵、露水和雪花等，如图 3-9 所示。

| 清凉山 | 蓝天白云 | 露水 | 雪花 |

图 3-9　非生物形态

自然形态形成的原因多种多样，为了伪装、吸引异性、指示危险等，如长颈鹿皮上的花纹很像干硬土地表面的裂纹。自然界无数图案以黄金分割为基础，类似长颈鹿皮上的花纹这样的图案可能是着重线三向连接的倾向造成的。在这种情况下，自然中这些线条的设计功能也许仅次于设计效果所具有的装饰价值，如图 3-10 所示。

图 3-10　自然形态

如图 3-11(a)所示，这是从 5 号气象卫星上看到的风暴，自然中最大和最小的形式揭示了生长和变化的过程；线叶茅膏菜（见图 3-11(b)）卷曲的叶子和美洲变色蜥蜴（见图 3-11(c)）卷曲的尾巴显示了自然形态应用合理设计原则；如图 3-11(d)所示，这款新颖的花洒通过螺旋的设计直接将整个淋浴空间覆盖起来，只要再配上一个浴帘就可以将浴室空间隔离开来，在家里安上这样一款花洒，不仅非常美观而且能够有效节约空间。

自然形态在形成过程中，它们的尺度也会受到外力的干扰与约束，这里的外力来自于地球引力，它们为人类的艺术创作与设计构思提供了珍贵的灵感来源。

学习者在日常学习中，观察力非常重要，也是最难捉摸和培养的能力。正如罗曼·罗兰所说："生活中不是缺少美，而是缺少发现美的眼睛。"完美的观察是心灵和大自然的契合，需要好奇心，甚至是贪婪地追求真、善、美的心灵和眼睛。

图 3-11　自然形态及其应用

3.1.2　人造形态

人类的一切文明都是从造物开始的。而造物的前提就是要形成表达各种文化概念和文明产物的符号与载体，如语言、图像、色彩、形态、内容、文字等。而这些符号与载体又作为人类认识和实践的工具，进一步激发了造物活动的深化。

有物必有型，造型就是创造出物体的形象。人造形态是指人类通过一定的材料或工具，对自然形态进行模拟、改变、加工处理而呈现的各种形态。所有设计产物，包括产品、建筑、空间、视觉图案等有形的事物，其形态都属于人造形态。

人造形态与自然形态的不同之处主要体现在以下两个方面。

一方面，人造形态的发生是人类从目的到手段的实现过程，如图 3-12 所示，陕西西安半坡村出土的双耳细颈椭圆土罐（也称为欹器），它的特点是底尖、腹大、口小，设在瓶腹稍靠下部位的耳环用来穿绳子。这是远古时期半坡人的生活状况的真实写照。美国苹果公司在乔布斯的引领下，设计出 iPhone 手机长方形的形态（见图 3-13），既提供了适宜的手感，也为手机功能的智能化发展提供了形态基础。相比之下，自然形态则不以人的目的性和

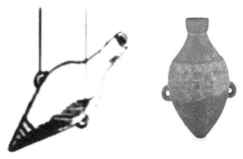

图 3-12　双耳细颈椭圆土罐

需求作为前提，只是作为生存于自然界的进化反应。

另一方面，人造形态作为人类的有目的的创造，必然会带着人类的印记和社会文化的痕迹，表达了人类的需求、欲望、智慧、价值等观念。各国在其文化发展的历史过程中，都留下了数不清的手工艺品以及工业产品。即使是功能相似的物品，由于不同的文化、地域、经济、技术等因素的差异，也呈现出极大的形态差异。

比如日常生活中常见的椅子，形态各异，表达出各种不同的文化和风格特征。图 3-14(a)所示为格雷特·托马斯·瑞尔特威德 1917 年设计的红蓝椅，他将绘画与建筑设计的全新风格运用到椅子的设计中，虽然这是一把看上去不太舒服的座椅。图

图 3-13　iPhone 手机

3-14 (b)所示为约瑟夫·霍夫曼 1908 年设计的坐椅，霍夫曼以木球为特色，那时弯曲木材的技术已经非常成熟。图 3-14(c)所示为捷克设计师约瑟夫·查可尔 1911 年设计的扶手椅，他设计的椅子看起来像是装了轮子，采用单色面料的宝座，带有解构主义朴实无华的艺术风格。图 3-14(d)所示为弗朗西斯·乔丹 1913 年设计的扶手椅，座椅由红木和被劈开的藤条结合，体现了他对柔软、完全实用的事物和多功能家具的偏好。图 3-14(e)所示为密斯·凡·德罗 1929 年设计的巴塞罗那躺椅，这把椅子是由镀铬铜、皮革和橡胶构成的。

上述这些坐具设计都与当时的社会、文化背景有关系，都体现出当时人们的精神状态，所以，人类的造物是在满足功能需要的同时，将自己的感情转移到创造的事物上，然后达到内心世界与现实生活中事物的和谐、统一。尽管扶手、椅座、椅腿有各种变化，但它们都不会脱离这些座椅部件应有的功能，椅子的尺寸也没有脱离人体工程学的要求和人类形态造物的普遍规律。

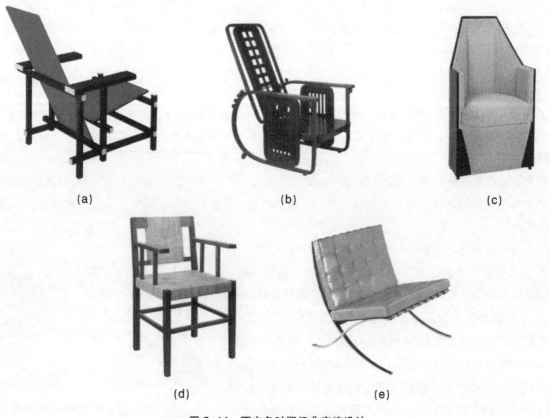

(a)　　　　　　　　　(b)　　　　　　　　　(c)

(d)　　　　　　　　　(e)

图 3-14　西方各时期经典座椅设计

3.2
形态设计要素

人们如何认知产品的形态，一般来说通过两种途径：一种是有形的视觉元素，如点、线、面、体，它们组成人们对产品"形"的认知；另一种是在这些视觉元素的物理特点的基础之上，形成无形的心理感受（即"态"），比如轻巧、灵动、平静、流畅等。简言之，产品本身的视觉元素与用户形成的心理感受共同构成了产品的形态。

3.2.1 点

在几何学里，点被定义为没有长、宽、高而只有位置信息的几何图形，也指两条线的相交处或线段的两个端点。点元素是形态设计中最基础的元素，也是形态中的最小单位。造型设计中的点具有一定的形体(即形态和体积或形状和量感)，相对小单位的线或小直径的球，都被认为是最典型的点。

点不仅只是圆形的点，也可以是方形的或异形的。点可以作为透气的孔、滤网、按键、装饰风格等，根据点的不同作用可分为功能点、肌理点、装饰点和标志性点。

1. 功能点

在产品形态设计中，点元素承载某种使用功能时，我们把其称为功能点。在产品造型设计中，功能点主要表现为功能性按键、具有提示功能和警示的灯等，如手机的按键、电脑机箱的开关、滤孔等，如图 3-15 所示。

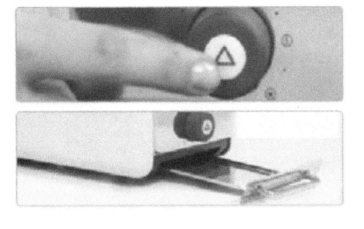

图 3-15　功能点在产品设计中的体现

在产品造型设计中，设计者需注意清晰表达产品功能点所承载的信息，通过点的不同造型，提高对功能点的认知准确度，如散热孔、出声孔等。图 3-16(a)所示为声孔；图 3-16(b)以色列设计师 Luka Or 设计的收音机；图 3-16(c)所示为加拿大设计师 Wenhao Li 设计的一款小清新收音机，整体就是一个立方体，简单的表面和旋钮设计，连频率的表盘都是真的机械表盘，配上实木色的周边；图 3-16(d)是 Lexon 推出由 Ionna Vautrin 设计的收音机 Mezzo，用色复古，多色可选；图 3-16(e)是英国设计师 Jonathan Gomez 为德国 FESTOOL 公司设计的便携收音机。

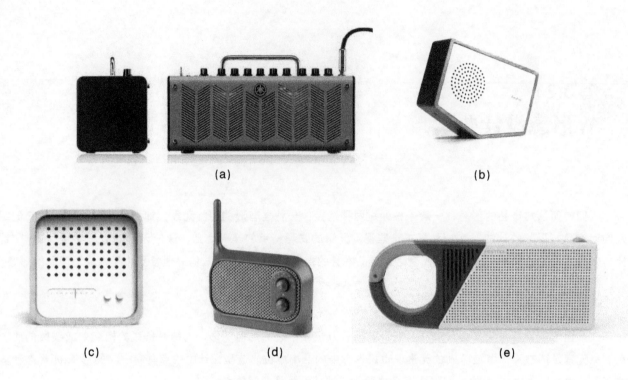

(a)

(b)

(c)   (d)   (e)

图 3-16　点在各种产品中的应用

这几款收音机的造型设计，由于其功能的特殊性，均运用到点的元素，但是点的大小、多少、形状、密集度等方面略有差异，也使得整个形态设计大为不同。

2. 肌理点

所谓肌理，在词典上解释为皮肤的纹理，在设计领域中解释为形象表面的纹理。大多数情况下，肌理本身也是一种操作痕迹。概括地说，肌理是由材料表面的组织结构所引起的纹理，这种纹理可以是天然形成的，也可以是通过人为加工而产生的某些表面效果。这里谈到的肌理点，是指表面的纹理效果以点形成的虚面的方式呈现，并且在产品的设计中具有一定的功能性。也就是说，在产品形态设计中，其形态的表面因功能需要而设计使用的具有一定功能的、密集的点状元素，在触觉上已产生相似的接触感，如图 3-17 所示。

图 3-17　产品中的肌理点

肌理点因形态不同可分为凸形肌理点、凹形肌理点和镂空肌理点。凸形肌理点表现为防滑的功能时，主要出现于使用者的手接触的地方，如手柄或需要抓、拉的区域。凹形肌理点和镂空肌理点表现为散热、透音和防滑的功能时，这些点的布置主要与产品的内部功能构件位置相对应，根据产品形态设计需要，如根据产品大小和形状等，进行局部图案或整体渐变点阵设计。

产品的形态通过点的阵列或渐变有序的排列，可在产品表面形成一定的肌理效果，或呼应产品局部造型，或表现产品的工整感、精密感。由于消费者的爱好兴趣不同，设计者在产品设计中可利用肌理创造出多样化、个性化的形态以满足消费者的需要。如图 3-18 所示，该产品的设计非常精致，其造型表面通过挤压工艺，使橡胶从抛光的金属面板中的小孔挤出，形成一粒粒排列有序的球体表面。橡胶的软与金属的硬形成质感的对比，而且也加强了摩擦。整齐的橡胶小圆点在金属中"破土而出"，在光泽中给人以柔和与亲切之感，又显示了其精密性，为严谨的理性设计增加了丰富、含蓄的艺术语言。

图 3-18 产品中的肌理点

3. 装饰点

通过点阵排列，打破产品中过于呆板、简单的表面，起到装饰美化产品表面的点，我们称之为装饰点。这些点的使用有助于产品传达设计目的，丰富观者的视觉经验。在设计装饰点时，设计者应遵循形式美原则。如图 3-19 所示，点连成线排列在产品的界面边缘上，突出轮廓，加强产品俯视面的一维性。

图 3-19 B&O 扬声器

4. 标志性点

标志性点主要表现为产品界面上的品牌标志、品名、型号等增加产品识别性的点状元素。这种标志既有二维(平面)的，也有三维(立体)的，无论这些点元素在产品界面中呈现二维还是三维，其所处界面中的位置、大小，还有色彩都对产品形态产生重要的影响。如图 3-20 所示，B&O 品牌 Logo 的设计对与产品本身的形态影响很明显。

图 3-20 B&O 耳机设计

造型活动均以符号的形式与人们进行沟通与交流，因此造型越简洁越好，以方便人们记忆。即使是极为简洁的符号也要明确表达设计意图，否则将失去造型意义，即需要"将暧昧的东西加以确切化"，"将复杂的东西加以简单化"。

仔细观察即可看出，以点作为造型语素的关键在于，其他部分的造型语素与手段要尽量单纯、简洁：要么以相对位置作为背景，要么以小尺寸的圆点排列作为对比，都是为了突出点的核心视觉地位。如果要在点造型的周围使用线型语素，则需要附加过渡的调和语素。如图3-21所示，这是由韦尔塔·卡多佐设计的便携式创意收音机，它有两个华丽的波纹且为倾斜式结构，与一般的收音机相比，该产品的个性独特，圆形（点状）能够有效地融入以长方形为整体感的形态里。

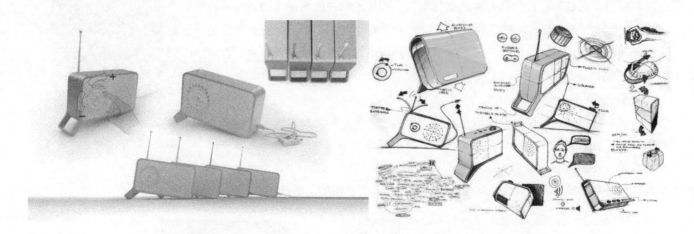

图3-21 便携式创意收音机设计

3.2.2 线

线，在几何学定义中指的是一个点任意移动所构成的图形，其性质并无粗细的概念，只有长短的变化。在平面设计中，线是表现所有图案应有形状、宽度以及相对位置的手段；在产品设计里，线是构成立体形态的基础；在立体形态中，线要么表现为相对细长的立体，要么表现为面与面之间的相切线，所以又被称为轮廓线。线是最易表达动感的造型元素。线在形态中有两种存在形式：一是直线，二是曲线。

直线是一种相对安静的造型元素，可给人以稳定、平和、单纯、简朴等感觉。从方向感来看，直线包括几种变化形式，即水平线、垂直线、对角线与折线。以直线为主要造型元素的产品，容易表现出简单、坚定、硬朗、清晰等特点。发端于20世纪20年代的现代主义设计，绝大多数设计师都诉诸直线或规律的几何形态来突出对机器美学的追捧、对天下大同的美好追求，以及对未来生活的坚定信心。格雷特·托马斯·瑞尔特威德设计的红蓝椅（见图3-22）享誉20世纪，成为风格派最著名的典型符号，这把椅子现在被多个博物馆收藏。按照纽约现代艺术博物馆的介绍，格雷特·托马斯·瑞尔特威德借鉴了他在建筑设计中的手法，考虑了线性体积的运用，以及垂直面与水平面的相关关系。这把椅子在1918年首次面世时并没有颜色，后来受到彼埃·蒙德里安及其作品的影响，于1923年上色完成。格雷特·托马斯·瑞尔特威德希望所有的家具最终都能实现大批量生产、标准化组装，以实现设计的民主化，为更多普通家庭所拥有。同时，这把椅子中近乎疯狂的直线运用，实际上表达了设计师更为宏大的理想：通过单纯的几何形态来探索宇宙的内在秩序，并创造出基于和谐的人造秩序的乌托邦世界，以修正欧洲因第一次世界大战而造成的满目疮痍。

图3-22 红蓝椅

用线排列是最常用的造型手段。如图 3-23 所示，多线的运用能体现出一种严谨的逻辑感和节奏感。

图 3-23　以线为主题的产品设计

如图 3-24 所示，这是瑞典设计师 Mattias Stahlbom 设计的一款 THREE 吊灯，它有着精致的结构，由优雅的线条构成。灯具的光感断续朦胧，虽然是来自北欧的设计，却体现出了东方气息的风格。

图 3-24　THREE 吊灯

比利时布鲁塞尔的设计师 Nathalie Dewez 设计了这个简约、实用和美观的落地灯（见图 3-25），由简单的线条构成的支架将一切元素简到了极致，使得这样一盏灯可以融洽地出现在大多数装饰风格里，而且移动起来也很方便，实在是一个值得称道的好设计。

与直线的利落与干脆不同，曲线在产品造型中更容易引起动态、曼妙、神秘等视觉心理，多被运用到面向女性消费者等用户人群或强调浪漫、私密感的室内空间等场所。曲线分为几何曲线和自由曲线。几何曲线更为规整、有序，表现出规律性；自由曲线则更为自然、无序，表现出生命力。

设计师 Stefano Bigi 设计的一款南瓜椅如图 3-26 所示，该设计利用线的通透性和较好的支撑感，为使用者提供一种毫无距离的视觉美感，这款南瓜椅特别适合摆放在户外空间中，与自然环境相得益彰。

图 3-25　落地灯

图 3-26　南瓜椅

由芬兰设计师 Secto Design 设计的 Octo lamp，如图 3-27 所示，该设计用线条设计了一个形似大蒜的灯罩，在展示优良的工艺同时也展现出北欧设计的自然主义风貌。

由设计师 Verner Panton 用 ABS 材料制作完成的潘顿椅如图 3-28 所示，其线性流畅，充分展示了材性和造型的完美结合。

图 3-27　Octo lamp　　　　　　　　　　图 3-28　潘顿椅

由设计师 Giulio Iacchetti 为福斯卡里尼公司设计的磁灯如图 3-29 所示。它类似于一个电筒或一个麦克风，利用磁铁的吸引力转换角度和位置，非常灵活，可以旋转 360°。这些灯具和家具的造型元素均来自于自由变化的曲线，通过差异化的受力方向与方式呈现出艺术化的美感。这一系列设计的形态表现出动感、优雅、灵动、简洁又不失趣味的特质，这就是曲线的魅力。

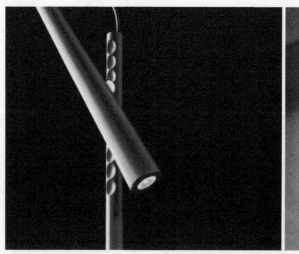 

图 3-29　磁灯

3.2.3　面

面，是指线在移动后形成的轨迹集合，是一种仅有长宽两种维度，没有厚度的二维形状。在产品形态中，面表现为长宽构成的视觉界面，即使有厚度，在一般情况下也大致可以忽略。从设计心理学上讲：简单的面，体现极简和现代的特点，给人清爽的感受；极富曲率的面，给人以亲和、柔美的感觉。按照不同的形成因素，面可以分为几何面与自由面，前者表现为圆形（面）、四边形（面）、三角形（面）、有机形（面）、直线面与曲面等；后者则是任意非几何面，包括徒手绘制的不规则面和偶然受力情况下形成的面等。

如图 3-30 所示，是由丹麦现代设计的奠基人之一保罗·汉宁森 1931 年设计的 Sepina 吊灯。保罗·汉宁森的灯具设计被公认为是反光机械。他的设计特点集中在采用不同的形状、不同材质的反光片面环绕灯泡，运用类似的手法展示出千变万化的结果。图 3-31 所示的 PH Artichoke 吊灯，是一组很复杂的反光板面围成一个好像松果形式的灯，这些反光板通过面的组合、有序排列形成了漫反射、折射、直接照射三种不同的照明方式，使吊灯灯影为装饰空间营造了一种舒适的氛围。不同的几何面在产品造型的运用中会激发出不同的心理感受，比如，圆形容易体现出韵律与完整感，四边形则显得整洁与严谨，三角形凸显出稳定、向上、坚强等特质，有机形显得自然又富有生机，曲面显得柔和而富有动感。

图 3-30　Sepina 吊灯　　　　图 3-31　PH Artichoke 松果灯

如图 3-32 所示，是由设计师 Robert Bronwasser 设计的一款 "Homedia TV" 造型的电视机，正面为四边形，侧面采用了三角形，多变的造型给人更多的可能性，也特别采用织物面料和艳丽的颜色搭配，凸显家居化的感觉和 "穿" 的概念，让人耳目一新。

图 3-32　"Homedia TV" 造型的电视机

如图 3-33 所示，是由索尼公司出品的一款播放设备，它采用了多个三角形面作为形态要素，突破常规的方形造型，减少视觉厚度的三角形侧面，增添了产品的科技感。

如图 3-34 所示，是由芬兰国宝级设计大师阿尔瓦·阿尔托 1936 年以芬兰湖泊的轮廓线为灵感设计的萨沃伊（Savoy）花瓶。此款花瓶采用了考究的有机曲线，既符合现代主义的极简美学，也迎合了寻求情感呼应的后现代主义要求，宜古宜今的造型直到今天仍经久不衰。如图 3-35 所示，是由日本设计师喜多俊之设计的 HANA 系列，它结合三叶草的曲线特征，结合瓷器的传统风貌，完美地展现出自然形态的柔美。

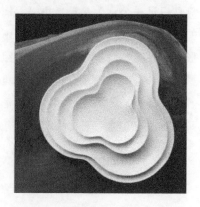

图 3-33　Sony 播放器　　　　　图 3-34　Savoy 花瓶设计　　　　　图 3-35　HANA 系列设计

3.2.4　体

体，也称为立体，是以平面为单元形态运动后产生的轨迹。体在三维空间中表现为长、宽、高三个面（形）。体的构成，既可以通过面的运动形成，也可以借由面的围合形成。不同于点、线、面三种仅限于一维或二维的视觉体验，体是唯一可以诉诸触觉来感知其客观存在的形态类型。

类似于面形的区分类型，体也可以分为平面几何体、曲面几何体以及其他形态几何体。按照形态模式及体量感的差异，体还可以分为线体、面体以及块体。在设计专业的基础课程立体构成中，可接触到众多基本的体构成方式。

线体擅长表达方向性与速度感，体量感较为轻盈、通透；面体则具有视觉上的延伸感与稳定性，体量感适中；块体是体量感最为强烈的体形态，是面体在封闭空间中的立体延伸状态，具有连续的面，因此兼具真实感、稳定感、安定感与充实感。

图 3-36 所示为意大利 Magis 品牌椅，线体的椅子显得轻盈通透，折线的运用富有雕塑的美感与力度；如图 3-37 所示为由 Magis 和 Konstantin Grcic 推出的开创性的新方案，一把由木头制成的悬壁椅，椅子采用一体成形的手法，整张椅子造型简洁流畅、富有动感；如图 3-38 所示为块体座椅，它看上去厚重敦实，为了避免过度的笨重感，在椅腿部分采用了收拢的形态，整体上显现出舒适的视觉感。从这三种产品中，我们可以看出，不同的体态可以表达出差异度极大的形态感官。

图 3-36　Magis 椅子设计　　　　　图 3-37　悬壁椅设计　　　　　图 3-38　块体座椅设计

3.3
形式美基本法则在造型设计中的运用

　　为什么人们会对形态产生美或不美的感受？这里涉及一个概念，即"产品形态心理"，它是指产品的实际物理外观在用户认知与使用过程中产生的主观体验。一般而言，曲线和曲面运用较多、表面质感光滑的产品形态，容易使用户产生温柔、细腻、亲密等心理感受；反之，直线、折线、锐角运用较多、表面粗糙的产品形态，则易于产生硬朗、力量、张力等心理感受。这类由于形态的物理属性引发用户产生差异化的认知心理与情感心理变化的过程及其现象，可称为形态心理。形态的物理属性是由设计师控制的，在设计初期，设计师应先预设产品实现后最终可能引起的形态心理，希望传达出什么样的形态心理，再有针对性地选择相应的形态语言。

　　1946 年，英国的设计研究联合体出版了《设计的现实》一书，其中对设计与设计师是这样定义的：设计被认为是以理智、实用、技术性地结合美术与产业之事。更重要的是，设计师应该要有卓越的造型能力，而且不管他们的教育背景是什么，设计师本质上应该是一个艺术家才对，也就是说，他们对于好的比例、简洁的线条、协调的色彩等有专业知识，才知道要怎样在纸上好好地将它表现出来。尽管从今天的设计知识来看，将设计师从本质上定义为艺术家的说法有失偏颇，不过设计师应该对于美及其规律有着敏锐的感觉，以及充满热情的表达欲望与能力。这种能力一部分是天生的，另一部分可以通过后天的学习来锻炼和改善。

　　人类关于美的认知经历了漫长的演变与进化，不同文化背景的人对美的界定存在着巨大的差异。从人类宏观的发展历程来看，人们对美的认知与学习，最早都遵循相同的对象——自然或人类本身。美国加利福尼亚大学大脑与认知研究中心的拉玛钱德朗教授认为，人类大脑存在着普遍的美感认知原则。对于美的认知，由于文化多样性所造成的认知差异达到 90%，另外的 10% 则受到美学规律的支配。比如，大部分人都会倾向于喜欢那些看起来更统一、更对称、更具均衡的形态，那些符合黄金定律的事物更容易被人们认定为美。古希腊哲学家毕达哥拉斯则从宇宙的视角，将一切美归纳为和谐——以数学与几何学来表达宇宙的规律。他认为，一切立体形态中球体最美，一切平面形状中圆形最美。

　　面对某一审美对象，人类为什么以及如何产生美的感受？完形心理学认为，人的心理与对象物的形式存在着异质同构的关系。面对残酷的自然环境，人类是通过寻求秩序、发现规律而生存下来的。找出事物内在的有联系的东西——规律，是人们用来认识自己与世界的基本方式。认识规律之前，首先认识的就是秩序。因为人的感官最先被吸引与理解的都是那些简单的、总是重复出现的东西。秩序感与规律性成为人类与生俱来的某种喜好或心理倾向。在审美活动中，人类是通过发现对象物形式当中的秩序感或某种规律性，从而引起具有力量的情感心理的。换言之，审美的过程就是发现规律与秩序，通过被激发的情感力量，形成共鸣与认同的过程。秩序引发力量，力量引起情感，情感激活共鸣。

　　秩序感在形式当中体现为几种具体的规律，比如统一与变化、对比与协调、节奏与韵律、对称与均衡、比例与尺度及稳定与轻巧。这几种规律能够表达或突出秩序感的规律，被称为形式美的基本法则。这些法则一方面可以帮助初学者更快地在抽象或具象的对象物当中发现秩序，从而把握美的规律与奥秘；另一方面也将引导初学者依循着正确的方法去创造美。

3.3.1 统一与变化

统一与变化的规律是世界万物之理，日常生活中的一切客观事物或自然现象都符合变化中求统一，统一中存变化的规律。统一与变化是形式美基本法则的总法则，它最能反映出形式美法则的核心目的——秩序感。秩序，在大部分时候可以理解为整齐与统一；但秩序的意义更为丰富，它是一种有变化的统一。对于产品而言，统一且变化的秩序感意味着从整体上看是统一的，不论是形态、结构、工艺、材质还是色彩，但从每一个细节入手观察，又会发现更多细微的调整与变化。这里变化增加了统一的趣味性，同时也丰富了秩序的内涵。

统一是指由性质相同或者类似的形态要素并置在一起，产生一致的或者具有一致趋势的感觉。统一并不是只求形态的简单化，而是使各种多样的变化因素具有条理性和规律性。变化是指由性质相异的形态要素并置在一起所造成的显著差异的感觉。在完形心理学看来，统一的整体更容易被视知觉接受、理解并把握，而变化则能帮助大脑形成丰富多样的深刻印象。

统一与变化的形式美法则，常见于同一品牌的不同产品系列当中，以及功能相似、形态相异的产品系统里。美国苹果公司的产品在其品牌风格的设计中表现出了最为典型的、教科书般的延续性——寓统一于变化中。如图3-39所示，不论是1983年第一台苹果桌上电脑，还是1998年颠覆市场对个人电脑固有印象的彩色半透明iMac，或是2001年10月推出的第一代iPod以及奠定智能手机发展基调的iPhone等产品，不论是哪一个时代的苹果产品，在其各自的时代都地充当了风格引领者。同时，在考察苹果系列产品的发展历程示意图时，细心的读者会发现，既统一又变化的设计策略在苹果公司系列产品的发展历程中显得较为突出。

图3-39 苹果公司系列化产品的发展历程示意图

如图3-40所示，不论iPod Classic的功能发生了怎样的变化，技术上的更新最终都会被工业设计师协调统一到产品造型之中，维持了品牌风格的延续以及高度识别性。第一代iPod（2001年10月）采用机械滚轮，手指用力，滚轮便会转动，按键也是机械的，分布在滚轮四周；第二代iPod（2002年6月）使用触摸感应设备取代机械滚轮，它能够感应手指在其表面触摸转动，无须真正转动滚轮，但按键仍然是机械的；第三代 iPod（2003 年 4 月）沿用了第二代的触摸感应式滚轮，但是用触摸感应按键替代了前两代的机械按键，而且从外观上，按键不再分布在滚轮四周，而是上移到液晶屏幕之下；第四代 iPod（2004 年 7 月）采用了点拨轮的新技术，又将感应按键重新放回到滚轮区域，不同的是不再是围绕布置，而是直接安置在滚轮表面的边缘。从形态上看，第六代 iPod 整体感更强一些，同时在技术上也是可行的，虽然是感应式触摸，但在上、下、左、右四个点上具备一定的机械弹力，一旦指尖用力，就能感觉到弹力并实施相应的操作。在品牌特征如此统一的产品设计变化里，消费者并不会对新一代的 iPod 产品感到陌生，相反对于苹果的品牌认识得到了强化。即使消费者不看产品背后的苹果标识，也能够很轻易地在众多音乐播放器中认出苹果的产品。

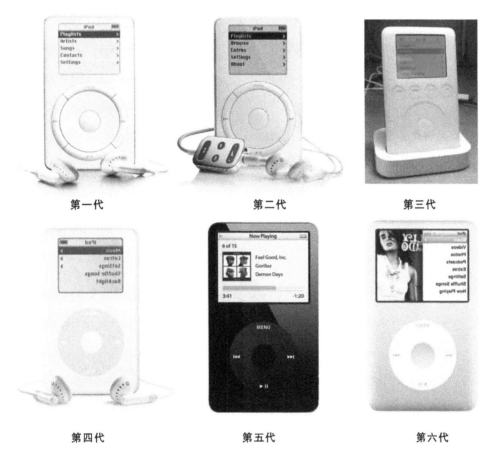

第一代　　　　　　　　　　第二代　　　　　　　　　　第三代

第四代　　　　　　　　　　第五代　　　　　　　　　　第六代

图 3-40　iPod Classic 的产品进化示意图

　　纵观其他成功获得连续品牌识别力与商业关注的产品，比如英国厨具品牌 Joseph 以及星巴克标志设计，尽管设计创新从未停止，但一直保持在渐变的、可接受的程度里，维持着消费者对其品牌的熟悉感，如图 3-41 和图 3-42 所示。

图 3-41　Joseph 品牌餐具设计

图 3-42　星巴克标志设计（1971—2011 的 4 阶段演化进程）

3.3.2　对比与协调

　　对比是事物之间差异性的表现和不同性质之间的对照。通过不同的形态、质地、色彩、明暗、肌理、尺寸、虚实甚至包括结构与工艺的差异化处理，都能使产品造型产生令人印象深刻的效果，成为整体造型中的视觉焦点。适宜的对比方式能使事物整体产生一致感与统一感。从心理学角度来看，差异容易形成强烈的感官刺激，使想象力延伸并形成情感张力，容易使用户注意力集中，形成趣味中心。对比的形式主要有并置对比和间隔对比，前者集中，节奏感更明显；后者间隔，装饰意味更浓烈。

　　如图 3-43 所示，Car Tools 积木是由设计师 Floris Hovers 以车辆为灵感而设计出来的，设计师虽然采用了对比强烈的颜色，但是该积木的形状仍然让人们联想到以往熟悉的经典积木形状，从而产生情感认同。设计师赋予积木更多的想象空间和个性化余地。通过移动或翻转改变这些积木，新的组合和图像就会出现。

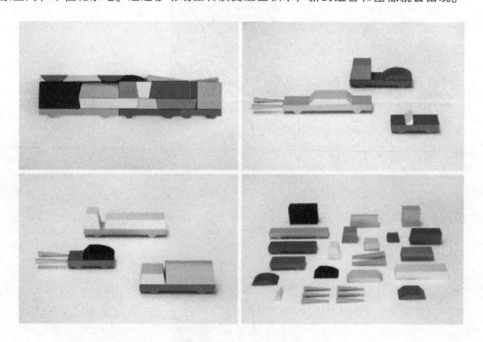

图 3-43　Car Tools 积木

　　如图 3-44 所示，是一款名为"运转：社会化储存驱动"（Transporter: Social Storage Drive）的储存设备，为多设备、多地区、多用户提供线上与线下的数据传输、共享与储存功能。黑色、三角形等形态要素强化了产品的稳定、安全、私密等形象，下边缘的蓝色光带则与整体外观形成跳跃的对比视效，且与蓝色的指示 logo 呼应。

图 3-44　运转：社会化储存驱动的储存设备

　　如图 3-45 所示，是一款以老式留声机为主体改造的挂钟设计，尽管留声机的复杂播放机构直接暴露在外，但该设计采用与黑色对比强烈的橙色作为过渡面，来调和白色指针，使产品的整体语义仍然靠近钟表，而不是留声机。

图 3-45　留声机造型的挂钟设计

　　对比是产品造型设计中用来突出差异与强调特点的重要手段。对比不是目的，产品形态的整体协调才是设计者希望实现的最终效果。设计者在运用对比手法强调形态的视觉焦点时要注意把握好度，以整体协调作为衡量的标准，注意防止过犹不及。古语中的"刚柔并济""动静相宜""虚实互补"等，都是说明对比与协调的相互关系的。设计者在大胆尝试对比使用各种不同性质的形式要素时，要注意产品整体的协调感。

3.3.3　节奏与韵律

　　节奏与韵律最初都是音乐和诗歌领域的概念。节奏是指音乐中音响节拍轻重缓急有规律的变化和重复，韵律是在节奏的基础上赋予一定的情感色彩。前者着重运动过程中的形态变化，后者是神韵变化给人以情趣和精神上的满足。相对来说，节奏是单调的重复，韵律是富于变化的节奏，是节奏中注入个性化的变异形成的丰富而有趣味的反复与交替，它能增强艺术的感染力，开拓艺术的表现力。

　　节奏是事物在运动中形成的周期性连续过程，它是一种有规律的重复，很容易产生秩序感，因此对于一般受众而言，有节奏的图案或造型都会被认为是美的。节奏感的强弱通过重复的频率和单元要素的种类与形式来决定。频率越频繁，单元要素越单一，越容易产生强烈的节奏感，但这种单调而生硬的节奏感也容易造成审美疲劳。所以，设计者应灵活控制节奏感的强弱程度，要善于利用多种类型的相似元素来形成节奏感。

在造型活动中，韵律表现为运动形式的节奏感，表现为渐进、回旋、放射、轴对称等多种形式。韵律能够展现出形态在人的视觉心理以及情感力场中的运动轨迹，在观者的脑海中留下深刻的回忆。

如图 3-46 所示，此系列家具以重复的方形节奏，变化中蕴含秩序感，既有理性的直线秩序感，又有动感的形态节奏。每一个单一的模块都具有独立的功能空间，并能固定在所需的角度，由于角度自定义，这类产品的形态组合几乎具有无限种变化形式。

图 3-46 "节奏感" 家具设计

如图 3-47 所示，均为采用重复的，或变化角度或缩小尺寸的方式形成的椅子形态设计。在造型上，既简洁又富有变化，既有节奏又有韵律，既单纯又有趣。渐变的形态形成了动感十足的形式，为静态的椅子增加了别样的趣味。

图 3-47 "重复" 椅子设计

节奏与韵律是产品设计中创造简洁不简单形态的最直接原则。正如前文所说，节奏与韵律在音乐领域的表达最为生动，因此在被运用到音箱造型设计中时，会起到事半功倍的效果。如图 3-48 所示，B&O 音箱外部采用压孔处理的金属板，这些已经申请了专利的圆形、菱形格形成的金属栅格效果，呈现出趣味性的、光感十足的视觉肌理，节奏与韵律以如此生动的形式呈现出来，配合银、黑、白的色彩，显得时尚而优雅。

图 3-48 B&O 音箱设计

3.3.4　对称与均衡

对称反映了事物的结构性原理，从自然界到人造事物都存在某种对称关系。形态的对称，指的是以物体垂直或水平中心线（或点）为轴，形态的上下、左右或中心互相映射。形态的对称，可以分为绝对对称与相对对称。前者讲究的是对称的两个部分在形态上完全一致；后者则不同，允许形态上略有差别，但总体感觉还是相同的。对称的形态，具有规律性、秩序感，容易产生简单的节奏与韵律美，因而常用于产品造型中。自然物的对称现象最为明显，大部分都是以相对对称形式出现的，比如蝴蝶的翅膀、孔雀的羽毛花纹、动物的脸部、植物的叶子等（见图 3-49）。

蝴蝶的翅膀

孔雀的羽毛花纹

动物的脸部

植物的叶子

图 3-49　自然物的对称现象

在人造物中，大部分装饰图案或风格都或多或少地采用了对称形式法则，如中国古代青铜器上的饕餮纹、青花瓷器上常出现的回纹、莲瓣纹等（见图 3-50）。在日常生活中，对称的形式是产品形态中出现得最多的一种，如对称的车轮、对称的汤锅把手、对称的衣服口袋、对称的窗户、对称的屏幕与键盘等。

青铜器上的饕餮纹

青花瓷上的回纹

莲瓣纹

图 3-50　古代器物的纹样设计

均衡是两个以上要素之间的和谐关系或均势状态，也可称为平衡。这种均衡的感觉不一定非要是形态的完全对称，也可以是大小、轻重、明暗、远近、质地等之间构成的相对关系所造就的。均衡，更多的是人们对于形态诸要素之间的关系产生的感觉。形态的虚实、整体与局部、表面质感好坏、体量大小等对比关系，处理得好就能产生均衡的心理感受。对比只是手段，能否产生均衡的心理感受，才是判断形态好坏的标准。

均衡既可以来自质与量的平均分布，也可以通过灵活调整质与量的关系来实现动态的均衡（见图3-51）。前者的均衡更为严谨、条理，理性感突出；后者在实际造型设计中使用得更为频繁，也更容易产生活泼、灵动、轻松的感觉。

如图3-52所示，两者都是利用均衡原理来处理造型与功能的关系。图3-52 (a)为利用天平的形态语言设计的书架，哪边的书重一些，就会垂得更低一些；图3-52 (b)利用重力原理，当不施加外力，熨斗里的水量达到一定量时，熨斗会自动立起，提醒用户正确操作。

图3-51 花瓶的动态设计

(a) 书架设计

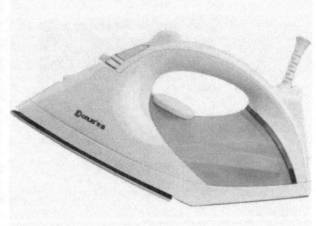

(b) 熨斗设计

图3-52 造型与功能产品示意图

3.3.5 比例与尺度

比例是指数量之间的对比关系，或指一种事物在整体中所占的分量，用于反映总体的构成或者结构。两种相关联的量，一种量变化，另一种量也随着变化。艺术中提到的比例通常指物体之间形的大小、宽窄、高低的关系。尺度是指质量与数量的统一：一指物品自身的尺度要求（物的尺度），二指物品与人之间比例关系（人的尺度）。自然现象的发生都有其固有的尺度范围。

比例，构成了组成事物的要素之间以及要素与整体之间的数量比例关系。在数学中，比例指的是两个比值的对等关系，比如 $A:B=C:D$。对产品形态而言，比例指的是自身各个部分之间的比例。形式美法则中最著名的就是黄金分割比，是由古希腊数学家、哲学家毕达哥拉斯首先发现，其后由欧几里得提出黄金分割律的几何作图法——一个正方形边线的中点 A 向对角 B 画一条斜线，以斜线为半径画出的弧线，与正方形的延长线相交于 C 点，由此形成一个新矩形，新矩形的长宽比即为 1:1.618，这个比例被称为黄金分割比，由此形成的矩形被称为黄金矩形，黄金分割比被认为是最能让人感到和谐、适宜和美感的比例，如图 3-53 所示。另外，新的大矩形和小矩形的对角线与边线的相交点，成为黄金二次分割的起始线，因此，这个分割过程可以无限继续下去，产生许多更小的等比的矩形和正方形。如图 3-54 所示，把每一个正方形中生成的切边 1/4 圆弧连接起来，就能形成一条连贯的曲线，如同鹦鹉螺形态的天然曲线。

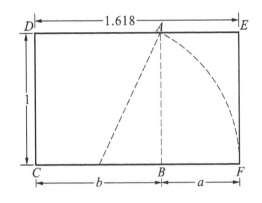

图 3-53 黄金分割比图

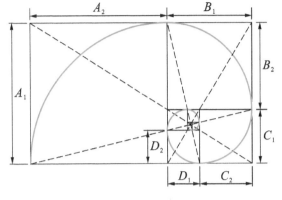

图 3-54 鹦鹉螺形态的黄金分割比

黄金分割不仅存在于自然界中，很多经典的设计，其造型都被后人分析出具有黄金分割的形态关系，因此显得恰到好处，比如人类建筑设计的典范——希腊的帕特农神庙、印度的泰姬陵、埃及的金字塔等，其主要形态关系都基本符合黄金分割比。当然，关于数字的比例关系还有很多种，比如根号数列比、等差数列、等比数列、斐波那契数列（具有黄金分割比的整数序列为 8、13、21、34、55、89、144……在这一数列中，任何后面的数均为前面 2 个数字之和，而且任何相邻数字之间的比例也正好接近 0.618）等。我们常见的纸张尺寸（见图 3-55），从 A0 到 A8，其长度与宽度之比也都符合平方根的关系，这样的尺寸关系是为了能最大限度地提高 A0 号（最大尺寸）纸张的使用率，裁剪时可以正好对裁而不留余料。

所谓尺度，是指产品形态与人在使用及其感受之间的相对关系。一般而言，产品的尺度受到人体尺寸、形体特点、动作规律、心理特征、使用需求等各个方面的制约。如图 3-56 所示，是由著名的人机工程学座椅设计品牌 Herman Miller 设计的 Embody 座椅，它符合人体尺度的形态，符合人机工程学的适用性原理。总体来说，优秀的设计都同时符合美的比例及合理的尺度。

椅子的形态不论如何多样化，它各个部分的尺寸、比例都应该遵循用户的人体尺寸来确定，这种符合的关系称之为尺度。尺度，反映了产品与用户之间的协调关系，涉及人的生理与心理、物理与情感等多方面的适应性。

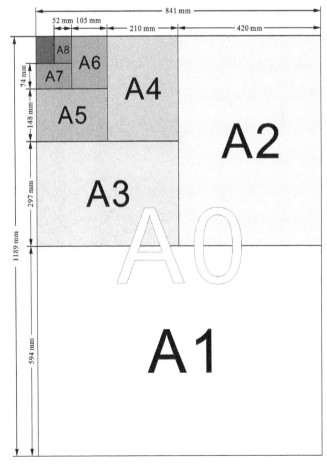

图 3-55 常见纸张尺寸及其比例关系

图 3-56　Embody 座椅

私人庭院与国家大剧院门前的广场，主要功能都是为了散步与休闲，但由于面对的用户群体不同，两种空间的尺度关系也不尽相似。这里的尺度，前者面对的是家庭用户，人群数量较少，要适合人群聚集，氛围较为隐秘，配合的主体建筑尺寸较小，因此庭院的面积也较为有限；后者面对的是大众，数量多，要便于人群的迅速流动，氛围开放，因此尺寸较大。一般而言，私密空间的尺度都较小，而公共空间的尺度则较大，虽说都是面对相似的人群，但由于群体的尺寸不一样，再加上公共空间所需的社会与文化内涵，因此两者的尺度存在着较大差异。

如图 3-57 所示，是由德国功能主义设计师迪特·拉姆斯 1987 年为布劳恩公司设计的 ET66 计算器。尽管是 20 世纪 80 年代末的产品，今天看来，它的形态还是那么考究，经得起推敲。不论是整体的尺度，还是细部各个按键之间的比例关系，都堪称形式美法则的典型符号。这款计算器的按键布局、上下分型、色彩匹配，很大程度地影响到 21 世纪 iPhone iOS 系统的计算器软件界面。

图 3-57　ET66 计算器

3.3.6　稳定与轻巧

稳定既是一种状态，也是一种感觉。设计中的稳定是指物体在视觉上处于一种安全持续的状态。物体是否稳定，主要取决于形状和重心的位置。形状是决定物体是否稳定的基础，重心的位置关系到物体受到一定大小的外力作用时是否倾覆。稳定感强的设计作品给人以安定的美。形态中的稳定大致可分为两种：一种是物体在客观物理上的稳定，一般而言重心越低、越靠近支撑面的中心部分，形态越稳定；另一种是指物体形态的视觉特点给观者的心理感受——稳定感。前一种属于实际稳定，是每一件产品必须在结构上实现的基本工程性能；后一种属于视觉稳定，产品造型的量感要符合用户的审美需求。

形态首先要实现平衡才能实现稳定。所有的三原形体——构成所有立体形态的基础形态，即正方体、正三角锥体和球体——都具有很好的稳定性。这三种立体的形态最为完整，重心位于立体形态的正中间，因此最为稳定。影响形态稳定性质的因素主要包括重心高度、接触面面积等。一般来说，重心越低，给人的感觉越稳重、踏实、敦厚；重心越高，越体现出轻盈、动感、活泼的感觉。如图3-58所示，沙发给人的视觉感觉一般比较稳重，为了调整这种稳定感，可以适当减少接触面面积，比如增加了四个脚座的沙发，就比红唇沙发看上去要轻巧了一些，因为它不仅减少了接触面面积，还提高了沙发整体的重心。

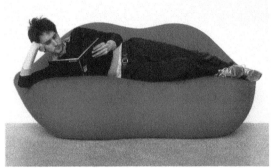

图 3-58　稳定与轻巧的沙发造型

轻巧是指形态在实现稳定的基础上，还要兼顾自由、运动、灵活等形式感，不能一味地强调稳定，而使形态显得呆板。实现轻巧感的具体方式包括适当提高重心、缩小底面面积、变实心为中空、运用曲线与曲面、提高色彩明度、改善材料、多用线形造型、利用装饰带提亮等。设计师要根据产品的属性，灵活掌握稳定与轻巧两者的关系：太稳定的造型过于呆板笨重，过于轻巧的造型又会显得轻浮、没有质感。在产品造型设计中，设计师要善于利用统一与变化、对比与协调、节奏与韵律、对称与均衡、比例与尺度等形式美法则，在满足稳定的基本条件之上融合轻巧的形式感，打造出富有美感的整体形态。

如图3-59所示，这是获得2012年日本好设计大奖的日本尼康（Nikon）35mm单镜头反光相机。相机属于高技术产品，科技含量高、经济价值较大，因此用户对这类产品形态的心理预期是稳定、大气和高档。这款相机的机身采用黑色与金色搭配，主体为黑色，黑色是稳重度最大的颜色，这样的配色显得质量可靠、做工精良。为了调和主体的稳定感，设计师在机身正面的侧方增加了一条醒目的红色细线条，既提示了手握方式，也在视觉上给相机增加了亮点，轻巧灵动。

图 3-59　尼康 35mm 单镜头反光相机

本章重点与难点

1.通过对日常生活物品的形态进行分析，理解产品造型设计的基本形式美法则，并有意识地找到对应的设计案例进行分析。

2. 对产品设计的造型形式有自己的认识，理解造型与设计的关系，结合产品案例分析造型中的点、线、面、体。

研讨与练习

1. 如图 3-60 所示，试分析 3 组图中点、线、面的设计元素在产品造型中的运用。

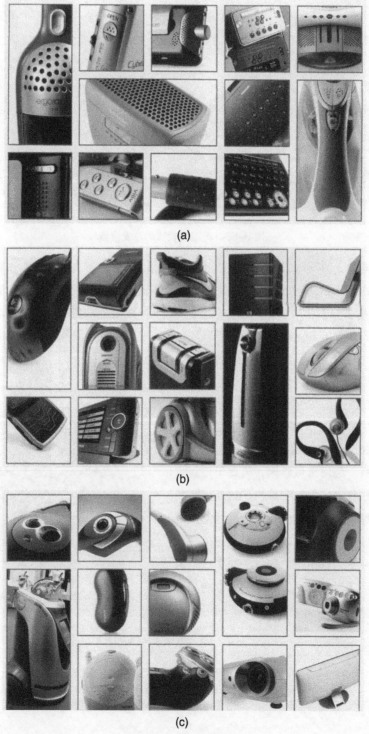

(a)

(b)

(c)

图 3-60　产品造型设计

第 4 章

产品形态中的语意

CHANPIN XINGTAIZHONG DE YUYI

产品语意学是 20 世纪 80 年代工业设计界兴起的一种设计思潮，通过各地学者和企业设计师的大力推动，使产品语意学在 20 世纪 80 年代中期成为遍及全世界的设计潮流。

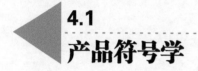

4.1 产品符号学

符号学是研究人类一切文化现象中的符号理论，它是人类进行交流的一种理论方法。符号学即为对记号的解释或研究记号体系的功能。因此，设计符号学是人类研究一切文化现象的符号理论的一部分，是人与自身、人与产品、产品与产品之间进行交流的理论依据。

产品是人类劳动的物化，是由各种材料以一定的结构和形式组合起来的具有相应功能的系统。产品外部形态的确立必须通过内部要素以一定的结构方式来体现，造型、结构和功能正是构成产品系统的三因素。符号学理论的引入赋予产品更深层次的思考：产品不只是某种功能实现的手段，也是高度象征性的生活或文化用品。这种以符号学的规律和理论方法来指导产品设计的方法被称为产品符号学。

产品符号学将符号学理论引入到产品设计中，提出"以人为本"的设计思想，以符号学的规律和方法来指导产品设计。符号是传递信息的媒介，而产品的形态、构造、色彩、材料等要素构成了它的符号系统。通过符号系统，可以将产品的性能、功能、审美情趣等传递给使用者；通过符号系统，设计师可以传达出设计意图和设计思想；通过符号系统，使用者可以了解产品的属性和操作方法，它是设计师与使用者之间沟通的桥梁。

在产品符号学的理论体系下，产品形态的设计不仅仅表达产品是如何生产、运用了哪些技术、有什么样的功能，还要告诉我们一些有关使用者的信息，如生活方式、价值观念等。

4.2 产品语意学

语意即语言的意义，产品语意学是指研究产品语言的意义的学问。1984 年，由美国工业设计协会举办的"产品语意学研讨会"给出了这样的定义：产品语意学是研究人造物的形态在使用情境中的象征特性，以及如何应用在工业设计上的学问。

产品语意学就是使产品和机器适应人的视觉理解和操作的过程，强调人机界面符合用户的生理和心理特性。操作产品时通过产品部件的形状、颜色、质感来理解机器。通过形态的语意研究，使用户一看就明白产品的功能、操作方式等，使每一个产品都"会说话，说好话"。

如今功能性产品已不能满足广大消费者的需求。小众经济已经来临，消费者需要的是符合自身需求的产品，除了满足使用功能，更重要的是体现品位和身份。同时，当代设计也应考虑到历史的延续，在继承的基础上发展设计。优秀的设计作品应该是除了其固有的物理机能之外，还承担着传达良好社会性与文化性的角色的任务。

4.3
产品形态语意的分析与表达

产品语意学是在产品符号学理论基础上，把语言符号意义的研究运用到产品设计上，研究的是产品造型与意义的关系。在产品形态语意设计中，指示与象征是两个非常常见的基本概念。指示是设计者通过形态或符号表达基本含义；象征是设计者通过借助特定的形态符号来寄予某种深邃的思想，或是表达某种富有特殊意义的事理。

4.3.1 产品形态语意的分析

1. 产品形态的构成

形态是产品有机整体的一个重要组成部分。它提供了使用、评价等活动的对象和起点，也是设计要提供的最终结果，所以产品形态是设计讨论的重点。"形"是产品的物质形体，与感觉、构成、结构、材质、色彩、空间、功能等密切相联，在产品造型中指产品的外形；"态"则指产品可感觉的外观"情绪"和"神态"，也可以理解为产品外观的表情因素。产品形态构成的元素主要是指点、线、面、体。它们在产品设计中的运用，除了会产生不同的视觉感受外，也会与人的心理发生作用，如图4-1所示。

图4-1 灯具

2. 产品是语意的载体

产品语意学通过产品直接说明产品内容本身，通过产品的结构、形态，特别是特征部分、操作部分等的设计，表达产品的物理性、生理性功能价值。比如产品如何正确地操作，其性能如何，这些都无法通过设计者直接向使用者传达，而必须依靠产品进行表达。产品语意学通过产品形象间接说明产品内容本身以外的东西，能够隐含产品在使用环境中显示出的心理性、社会性、文化性的象征价值。比如产品给人高贵、有趣的感觉，或通过产品感受文化象征性，或由一系列产品形象传达企业自身的形象等隐含的信息。

3. 产品形态的外延和内涵

内涵是指一个概念所概括的思维对象本质特有的属性的总和。内涵往往以外延的存在为前提，因为内涵是基于对某种动机的主观认知来表示与符号外延相关的主观价值，而符号的外延是由客观构想构成的用以实现传达功能的符号的语意。

产品语意的外延是符号所指的确切意义，不受主观意志所转移。语意的外延通常呈现出产品指示性功能，如合乎一定使用要求的结构形式、按钮的开关或结点处的旋转等；而语意的内涵所表现的就是有关形式与外延结合体现的主观价值，内涵则表现在产品的象征、风格、情感、文化属性等方面。

4.4
产品形态语意的认知与传达

4.4.1 产品形态语意的认知

认知是指人们获得知识或应用知识的过程，或信息加工的过程，这是人最基本的心理过程，它包括感觉、知觉、记忆、想象、思维和语言等。认知是一种复杂的过程，通过这个过程，人们对感官的刺激加以挑选、组合，产生注意、记忆、理解及思考等心理活动，并给予解释，成为一种有意义和连续的图像。

产品的认知行为之所以会发生，是因为在产品获得可以满足人的某种特质需要的实用功能的同时，这种功能会在人的头脑中与产品的形式联系在一起，逐渐建构成一种模式。这种模式通过社会的文化机制传承下来，就成为人们识别、使用和创造一些类似的新的产品的内在尺度。产品形态语意认知是以理解为核心的形态破译过程。在认知过程中，通过产品造型符号对使用者的刺激，激发其与自身以往的生活经验或行为体会相关的某种联系，使产品被识别并做出相关的反应。

4.4.2 产品形态语意的分类

产品语意设计即为借助产品的形态，使产品外在形态和视觉要素以语意的方式加以形象化。产品形态语意可以分为指示性语意和象征性语意。

1. 指示性语意

指示性语意与指称对象构成某种因果或者时空的连接关系，它通过对产品造型特征部分和操作部分的设计，表现出产品本身就具有的内在的功能价值。有些指示性的语意也借助于文字、图形和其本身的共同作用，使语意的意义更准确，更容易为人所知，如图4-2所示。

图4-2 指示性语意

2. 象征性语意

象征性语意表示产品另外的一种关系，在这种关系里，符号与指称对象之间的联系完全是约定俗成的。象征性是指在产品的造型要素中不能直接表现出的潜在的关系，即由产品的造型间接说明产品内容本身之外的东西。产品的形态是其他内容的象征和载体。其他内容就是指产品在使用过程中所显示出的心理性、社会性和文化性的象征价值。产品作为一种视觉形象，不仅具有形式美，还具有文化意义。设计中应强调产品的附加属性，即产品需要表达一定的含义，这样就使得产品不仅仅是一个物，而是具有多方面文化意义的存在。

4.4.3 产品形态语意的指示传达

根据产品的功能和操作，产品形态语意的指示传达可分为功能指示和使用指示。

1. 功能指示语意的传达

功能指示语意是通过组成产品各部件的结构安排、工作原理、材料运用、技术方法及形态关联等来实现的。功能指示语意可分为产品类别语意和产品功能语意。产品类别语意，即产品不需要任何说明，根据产品形态传达这是什么类型的产品。这种语意深入每一位使用者的意识中，是社会约定俗成的。

产品功能语意，即以产品的形态传达产品的功能，告诉使用者产品的用途和功效，产品以实体方式存在，以不同的材料和不同的加工方式组合而成。不同的材料有着不同的语意内涵。

此外，产品功能性语意的塑造还应基于对产品原有功能的再认识，经常不断地把头脑中不成形的印象直接与现实中的事物保持接触，延伸出新的功能组合，进而创造出与新功能相符的新形态，如图4-3t和图4-4所示。

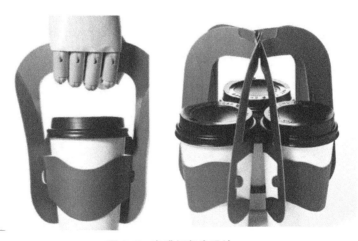

图4-3　咖啡打包盒设计

图4-4　产品设计

2. 使用指示语意的传达

使用指示语意的塑造就是要求产品设计师找到一种能准确传达产品使用的语意符号，来表达产品的操作方式，进而通过这种语意符号与使用者在语意学的领域内建立人性的关系，从而引起使用者在使用方式和情感上的共鸣，以达到情感更深层次的沟通和交流，如图4-5所示。

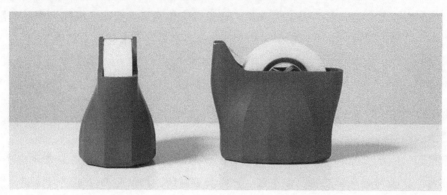

图4-5 胶带

4.4.4 产品形态语意的象征传达

人们利用符号进行相互交流，通过产品的外在形态传达信息，产品的外在形态除了直接指示它是什么产品，如何操作和使用之外，还可以传达某种信息，说明它意味着什么。产品会向使用者讲述它的故事，讲述某个时代的风尚、某个地域的风俗和某种文化的意境等。而使用者会被产品打动从而产生愉悦、感动等情感。产品的这些故事其实是对象征语意的一种诠释。象征语意其实是指示语意在特定情境下的一种延伸，由时间、环境和使用者的背景而决定，如图4-6所示。

图4-6 跑车概念设计

产品具有情感，并不意味着情感来自于产品本身。一方面，设计师自身的审美观点在产品中得以表现；另一方面，大众在面对和使用产品时会产生直接反映其喜爱偏好的感受。在产品设计中，情感是设计师到产品再到使用者的一种高层次的信息传递过程。在这一过程中，产品扮演了信息载体的角色，它将设计师和使用者紧密地联系在一起；设计师的情感表现在产品中是一种编码过程，使用者在面对产品时会产生一些心理上的感觉，这是一种解码的过程；设计师从使用者的心理感受中获得一定的线索和启发，并在设计中最大限度地满足使用者的心理需求。通过这种情感过程，让人对产品建立某种情感联系，让本没有生命的产品能够表现人的情趣和感受，从而让人对产品产生一种依恋。产品的情感有多种类型，如具象的、抽象的、严肃的、嬉戏的等。产品的形式与情感并不是分离的，只有产品的外观和功能同它的情感相呼应时，产品才真正地具有审美价值。如图 4-7 所示，该设计通过材料和结构的变化将光与影的独特气质和神韵渲染得恰到好处。

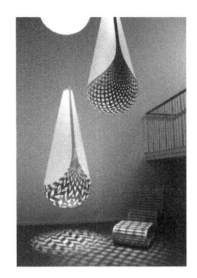

图 4-7　灯具设计

产品形态语意是通过对设计作品的体验达到对设计背后的自我阐释。使用者往往结合自身的经验和背景，从作品的深层次感悟中召唤出特定的情感、文化感受、社会意义、历史文化意义等深层含义，表现出一种自然、历史、文化的记忆性脉络。如图 4-8 和图 4-9 所示，利用形态语意的设计手法，传达品牌独特的文化元素，建立使用者与产品之间的稳定的联系。

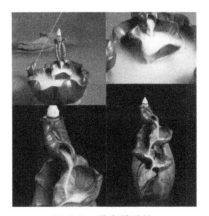

图 4-8　禅意熏香炉

图 4-9　传统手工木制餐具

我们所处的是一个高度现代化、信息化的社会，新材料、新技术的不断涌现使我们目不暇接，随之而来的新思潮的涌入给传统文化艺术带来了前所未有的冲击。如何在现代设计中体现传统文化是设计者一直思考的问题。

如图4-10所示，产品的形态处理和材质选择都融入了传统元素的意义传达。产品通过某些特定的文化符号及特定组合，使我们联想到传统、体会记忆中的历史文脉，唤醒我们的文化记忆和思想认同。

图4-10 木质手作

总之，产品形态语意的传达，不是单一的表现，而是多元的体现。设计不仅仅是满足使用功能，更多的是对精神层面的追求。因此，产品的外延和内涵是不能分开的。不同的内容语意在消费者的语意认知中，总是互相关联、互相影响的。

4.5
产品形态语意设计的原则与程序

产品语意设计即为借助于产品的形态语意理论，使产品的功能用途的语意信息通过外在形态传达给使用者，让使用者理解这件产品是什么、它如何工作、如何使用它，以及它所包含的意义。上一节对产品形态语意进行了类别和其传达方式的分析，但产品形态语意设计中所包含的因素较为广泛，在具体的运用中要有所侧重，需要从以下几方面把握产品形态语意设计的原则与程序。

4.5.1 产品形态语意设计原则

1. 产品形态语意设计应符合产品的功能

产品功能应当不言自明，这对于一些功能全新的高科技产品尤其重要。要使产品的形象具有识别性，就应使它的形式明确地表现出它的功能，从而避免人们由于产品语意传达的障碍而茫然。通过产品的形状、颜色、质感传达它的功能用途，使使用者能够通过外形立即明白这个产品是什么、它的具体功能有哪些、怎么操作等（见图 4-11 和图 4-12）。

图 4-11 拐杖设计

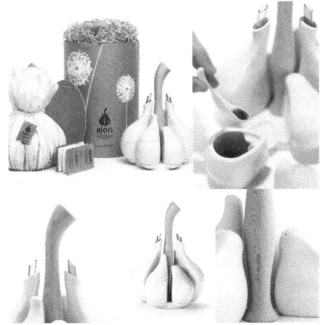

图 4-12 蒜形调味瓶

2. 产品形态语意设计应符合形式美法则

形式美法则主要有统一与变化、对称与均衡、比例与尺度、节奏与韵律、对比与协调、稳定与轻巧等，这些都是人类在创造美的活动中不断地掌握各种感性因素的特性，并对形式因素之间的联系进行抽象、概括而总结出来的。产品也要遵从形式美法则进行设计，产品的造型、色彩和材质给人以视觉冲击，这就是产品形式美的魅力所在。人类的实践活动和审美经验的积累，促使人类对模仿自然形态、概括自然形态和抽象形态等产品造型产生不同的审美联想和想象，因此也就产生了不同的审美感受。材质和肌理作为产品设计的可视和可感的要素，对人的视觉或触觉都会产生刺激（见图4-13），这些不同的刺激，会使人产生不同的生理效应和心理效应，因而产生不同程度的美的感受。如图4-14所示，这款加湿器的设计灵感来自冰山，它由两部分组成：内部盛放水的部分和外部的冰山造型外壳。处于工作状态时，湿气均匀散于空气中，使房中的空气湿度增大，同时这种独特造型看起来很像冒着烟的火山，传递出冷静、清新的感受。

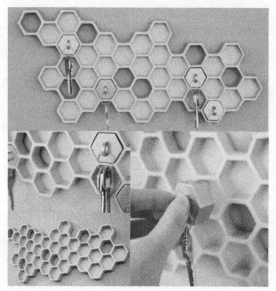

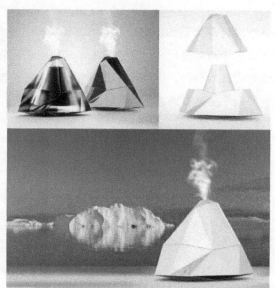

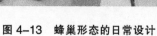

图4-13　蜂巢形态的日常设计　　　　图4-14　雪山形态的加湿器

3. 产品形态语意设计应符合人的生理特征、心理特征和行为习惯

在产品形态语意的沟通表达过程中，对于不同的主体，产品会被赋予不同的意义，这就要求产品形态语意的传达要建立在使用者习惯的基础上，根据使用者的生理特征，以使用者在实际操作过程中的经验为基础，把握使用者的生理特征和行为习惯，使产品设计起到准确传达其功能的作用。好的产品设计允许使用者进行任意操作尝试，不会造成产品的误操作，也不会损坏产品。厨具设计如图4-15所示。

图4-15　厨具设计

4. 产品形态语意设计应符合特定的地域文化

从地域上来说，设计与其所涉及民族的历史文化不可分割。产品形态语意设计应充分考虑地域、宗教及风土民俗对其产生的影响，要符合所在环境的社会习惯和价值体系。为了避免同特定地域人群的社会习惯和价值体系相抵触，最重要的方式就是在进行设计之前对目标人群进行市场调研。因为从符号的传播模式来看，产品形态语意传达的任务是以产品形态语意认知形式为前提完成的，故而产品设计要以先验性的知识为基础来展开。禅意熏香座设计如图 4-16 所示，中式创意家具设计如图 4-17 所示。

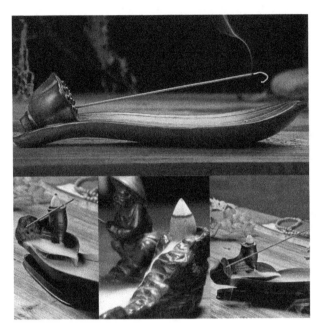

图 4-16　禅意熏香座设计

图 4-17　中式创意家具设计

5. 产品形态语意设计应把握时代潮流和价值取向

随着消费者对情感和精神的日益关注，为了把握时代感和价值取向，设计者要以符合时代发展趋势的审美形式作为时尚的表现手段，如图 4-18 所示。在产品形态语意设计中应参考个人、文化、时间、地点等因素去寻找素材，突破常规，进行语意的创新。此外，设计者进行必要的市场调研，了解人们的思想脉动，也是把握时代感和价值取向的有效途径。

图 4-18　风格鲜明的家具

6. 产品形态语意设计应突出主体语意的诉求

产品形态语意设计有很多种方式，但是不同类型的产品所关注的语意层面是不同的，每个产品都有其要表达的主体语意。这就要求我们在具体的设计过程中针对不同的使用人群，进行不同主体的语意传达，如图 4-19 所示，针对儿童设计的衣柜和针对成人设计的衣柜在设计规格和造型风格上都体现出人群的差异。

7. 产品形态语意设计应延承已有产品的语意

设计具有传承性。同功能的产品在风格特征和表现方式上接近，才能保持产品造型格调的一致和完整。如果在一个产品上运用形式和风格完全不同的造型要素，使产品在造型上的差异过大，会使人产生认知的混乱和产品语意的误解，进而影响其使用的接受程度。产品形态语意设计要具有可理解性，避免让使用者产生认知上的障碍，在形态造型上的变化不能过大，要与已有的产品形成一定的语意延承。日式风格家具和北欧风格家具对比如图 4-20 所示。

图 4-19　儿童衣柜和成人衣柜间

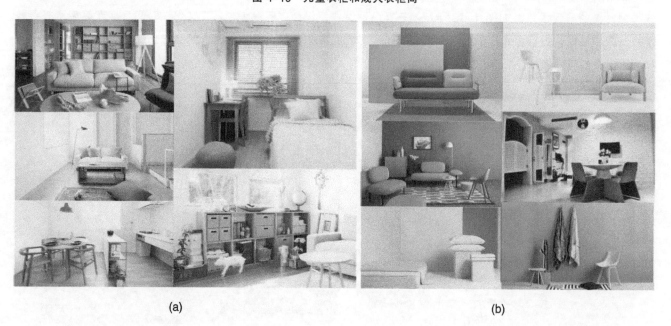

(a)　　　　　　　　　　　　　　　　　　　　　　　　(b)

图 4-20　日式风格家具和北欧风格家具对比

4.5.2 产品形态语意设计程序

将产品形态语意的内容分析与现代设计程序相结合，可以构造一个基于产品语意学的设计程序。首先，设计者通过用户研究、背景分析和对产品形态语意的理解，可以发掘出产品形态语意独特的内涵并加以研究，然后整合这些特色内容并加以强化，最后将那些需要赋予意义的设计内容加以发展。产品形态语意设计程序可以划分为研究阶段、整合阶段和设计阶段三个阶段，在设计过程中通过对每一个阶段的意义进行比较准确的把握，可以将设计意象转化为明确具体的产品形态。

1. 研究阶段

确定用户，研究目标人群，通过对用户进行研究寻找设计突破口。针对具体产品的使用过程和使用环境，了解用户的背景资料和其个人的行为方式、生活方式与思维方式之间的联系，寻求用户对产品的操作使用经验、知识，典型的行为、动作、态度与产品之间的联系。如图 4-21 所示，弧形创意纽扣是一款获得了 2013 红点设计大奖的创意概念产品，它是专门为老年人设计、研发的一款纽扣，它能够帮助那些知觉和视力下降的老年人更好地扣上纽扣，从而增强他们对生活的自信，使他们拥有乐观的生活态度。巧妙的一凹一凸能够对特殊人群起到帮助的作用，让人称赞。

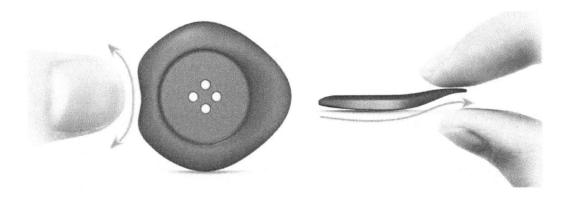

图 4-21 弧形创意纽扣设计

图 4-22 所示的是来自设计师 Qi Long 等人的创意——易用香波喷头，它是 2012 年红点设计大奖的入围作品。在普通喷头的下方，一左一右增加了两个换挡拨片一样的结构，人们将可以借助它使力，用单手完成取用瓶内液体的动作。设计者通过实地考察了解产品被使用时的情境进行来理解产品发挥作用的来龙去脉，在使用过程中发现一些特点和差异点，这些特点和差异只作为产品形态语意分析的有效补充，是进行产品设计的主要依据。

图 4-22 易用香波喷头单手挤压瓶设计

2. 整合阶段

整合阶段将研究阶段所获取的知识转化为设计概念。设计者在前期全面充分调查研究之后，针对典型用户，详细描述生活场景，并将生活场景划分为若干用使用情境，分析使用情境出现的频率，据此深入了解目标人群的生活方式、生活体验和使用方式，从而确定产品的外观、功能和使用目的。生活场景中的每一个情境都是一次语意的发生机会，了解这些情境，从而认识目标人群周围的世界及他们最新关注的焦点，从而获取产品形态语意的可能来源。比较、评估这些语意的发生点，并加以整合，从而创造出最终设计成品一个模糊的意义。户外烧烤炉设计如图4-23所示。

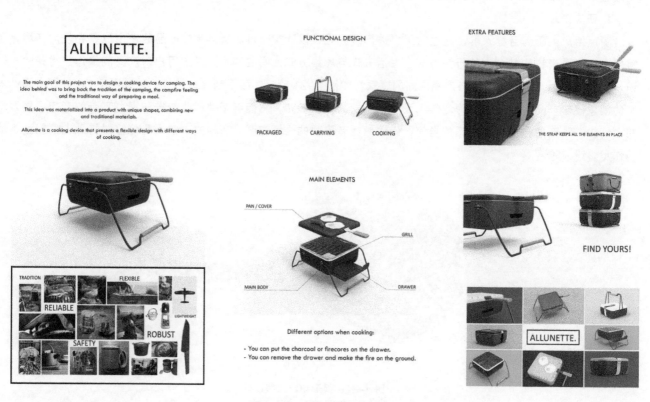

图4-23 户外烧烤炉设计

3. 设计阶段

语意提炼是一个演绎过程，是一个循环的认知过程。它可能从一些模糊的概念开始，进而在生活场景中发生呼应，进一步明确假设的内容，展开设计。在此过程中，产品特征将在语意内容和对模型赋予的意义之间区分开，经过不断验证、排除，这些模糊的概念将会被聚集在一个有效、紧凑的范围，最终会得到一个明确的结果。在这个阶段中要注意以下几点。

（1）产品形态语意表达应当符合人的感官对形状含义的经验。当人们看到一个东西时，通常会从它的形状来考虑其功能或动作含义。披萨饼剪刀如图4-24所示。

（2）产品形态语意表达应当提供方向含义：物体之间的相互位置，上下、前后层面的布局的含义。任何产品都有

图4-24 披萨饼剪刀

正反面之分，正面面向使用者，使用者操作的命令按钮都应该安排在正面，反之若安排在反面，会给使用者的操作带来没有必要的麻烦。撮箕设计如图 4-25 所示。

（3）产品形态语意表达应当提供状态的含义。产品的诸多状态往往不能被使用者发觉，设计必须提供反馈提示，使产品的各种状态能够被使用者感知。恒温奶瓶设计如图 4-26 所示。

图 4-25　撮箕设计　　　　　　　　　　　图 4-26　恒温奶瓶设计

（4）产品形态语意必须向使用者用户表示操作。要保证使用者正确地操作产品，必须从设计上提供两方面信息:操作装置和操作顺序。图 4-27 所示为设计师 Jo Yeon-Jin 设计的便携式纽扣器，它是模仿订书器的工作原理，上面有一个迷你马达，前面有两个针头，里面穿有缝纫线，通过表盘可以调整针头之间的距离，按下按钮即可将线穿入扣眼儿中，暗示钉扣子就跟订纸张一样简单。

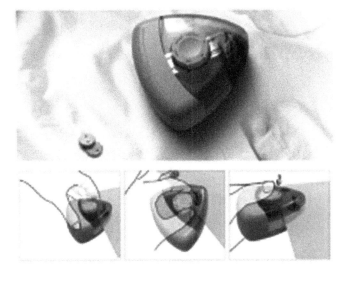

图 4-27　便携式纽扣器

本章重点与难点

1. 理解产品形态语意及其基本设计流程，结合设计案例分析形态语意的设计优势和局限性。
2. 掌握产品形态语意的构成与传达，结合产品符号学、语意学相关知识进行产品造型探讨。

研讨与练习

1.以图 3-43 所示的 Car Tools 积木儿童玩具为例，从语意学的视角对该玩具的形态设计、材料设计、色彩设计等进行重新设计，注意理解儿童和玩具之间的关系。

2.结合产品形态语意设计的程序与方法分组讨论，着重列出其研究阶段、整合阶段、设计阶段等所要运用到的策略和手段、工具。

第 5 章

造型设计与体验创新

ZAOXING SHEJI YU TIYAN CHUANGXIN

产品体验设计的产生是经济社会发展的必然趋势，是以用户为中心思想的重要体现。本章首先阐述了产品体验设计的概念及其流程，然后介绍了产品中存在的体验形式及产品体验设计的几种方法。

5.1
产品体验设计概述

5.1.1 体验设计

体验是一个源自心理学的概念，指主体受客体的刺激而产生的内在反应。每一种基于个人和群体的需求、期望、知识、技巧、经验和感知的考虑都是人的体验。谢佐夫认为，体验设计将消费者的参与融入设计中，是企业把服务作为舞台、产品作为道具、环境作为布景，使消费者在商业活动过程中感受到美好的体验过程。

可以从以下几点去理解体验设计。

(1)体验设计是一门新兴的交叉学科。这门新兴的学科正试图从认知心理学、认识科学、语言学、叙事学、触觉论、民族志、品牌管理、信息架构、建筑学等各种交叉学科中呈现出来，广泛应用于产品设计、信息设计、交互设计、环境设计、服务设计等不同领域的产品、过程、服务、事件和环境的实践中。

(2)体验设计是一种创新设计方法。它不同于传统设计方法，传统设计更多地把重点放在功能或外观上，而体验设计却会让产品更好用，旨在让用户产生惊喜。

(3)体验设计的关注点从功能实现和需求满足转向用户体验，以便达到其最终目的——让用户产生惊喜。假如手机公司委托设计师代为设计其商品，除了手机的外观形式及包装外，手机的设计重点应该放在如何营造一种愉悦的使用心情，也就是让人们觉得不仅仅是使用手机，而且手机使用过程是一个令人愉悦的过程，这就是体验设计所强调的。

(4)不论是设计一支笔，还是设计一个完整的系统空间，体验设计都通过使用情境发现问题、明确目标和提供解决方案。

(5)体验设计的重点在于体验的过程，而非最终的结果。

5.1.2 产品体验设计的范畴

正如社会经济形态的更替发展的必然趋势，体验设计的产生也是必然的趋势。世界著名的 IT 企业惠普提出的新型营销战略——全面客户体验（total customer experience）；被微软公司形容为设计最佳和性能最可靠的新一代操作系统 Windows XP，其"XP"正是来自"experience"，中文意思即为"体验"，该新操作系统为人们重新定义了人、软件和网络之间的体验关系；还包括戴尔公司的"顾客体验，把握它"、联想公司的"以全面客户体验为导向"等，很多知名企业都在发展新计划中提出了"以客户为中心，追求客户体验"的新目标。

体验设计脱胎于体验经济，是体验经济战略思想的灵魂和核心。它是一个新的理解用户的方法，始终从用户本身的角度去认识和理解产品形式。基于设计的重点已经从产品的功能性和实用性的考虑，转移到了用户本身。我们可以假定产品体验设计是这样一种开始，即一个题目的设计，在一个时间、一个地点和所构思的一种思想观念状态下，从一个诱人的故事开始，重复出现该题目或在该题目上构建各种变化，使之成为一种独特的风格，而根据用户的兴趣、态度、情绪、知识和教育，通过市场营销工作，把商品作为道具、服务作为舞台、环境作为布景，使用户在商业活动过程中感受到美好的体验，使产品所体现的体验价值长期留在用户的脑海中，即创造使用户拥有美好的回忆和值得纪念的体验设计。

产品体验设计的目的是唤起产品使用者的美好回忆与生活体验，产品自身是作为道具出现的。体验性产品是整个体验舞台中最关键的道具，所以这就需要设计师在进行产品体验设计时要具有一种较以往更系统、更全面、更深入、更具广度和深度的设计思想。

5.1.3 产品体验设计的流程

体验设计的工作内容大致可分为以下几种。

需求分析：从商业目标、用户需求、品牌方向、分析竞争产品方面收集历史数据，充分地了解产品思路和用户群特征、需求，整理出需求文档。

原型设计：根据调查情况，做一些典型用户的角色模拟和使用场景模拟。

开发设计：通过情境再现来总结和细化用户使用中的各种交互需求，最后通过流程图和线框图的形式把设计结果表现出来。

产品体验设计的流程有两个概念要弄清楚，即用户使用流程和业务逻辑流程。二者虽然看上去相似，但是本质完全不同。用户使用流程从用户的角度出发，描述了用户的交互过程和需求；而业务逻辑流程从技术层面出发，为了满足用户的需求。因此，用户使用流程演变成业务逻辑流程，是在满足用户的需求；但业务逻辑流程演变成用户使用流程，则是要求用户按照设计师的思维来使用产品，以这种设计流程设计出来的成品不一定是满足用户需求的产品。

用户体验设计工作是一个循环的迭代过程。用户使用流程是业务逻辑流程的需求表现，用户体验设计的工作应先于业务逻辑的设计工作。具体来说，就是先考虑产品的交互设计，然后再考虑业务的逻辑和架构，这样对产品体验设计的成效更大。用户体验设计流程图如图 5-1 所示。

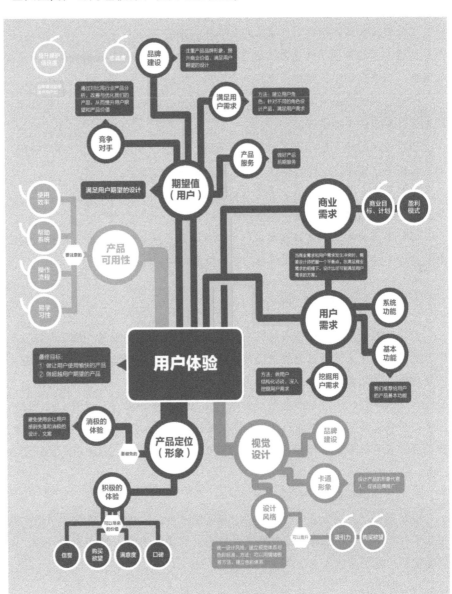

图 5-1 用户体验设计流程图

5.2
产品中存在的体验形式

体验是在某些背景下，因某种动机而从事的活动中产生的感受。体验设计，不是设计体验本身，而是营造一个平台或环境来展演体验。体验可分成不同的形式，且各自有其固有而又独特的结构和过程。伯德·施密特在《体验式营销》一书中提到可以将体验的形式分为感官、情感、行动、思考、关联这五个战略体验模块。

感官：产品或服务通过视觉、听觉、嗅觉、味觉、触觉等感官让人产生感受；在产品或服务的设计上，透过感官的体验，来增强用户对产品或服务的体验感受。

情感：用户在使用产品或接受服务时，需要将产品或服务的提供与用户的某种情感、情绪联系起来；通过产品或服务创造出正面的情绪，来建立令用户愉悦的使用体验。

行动：通过产品或服务令用户产生活动感受、建构生活风格、引起互动，为用户提供另一种行动的方式，以此来提升用户的生活价值。

思考：让用户在使用产品或接受服务时，通过激发用户的思考力，挑起人的挑战欲望与创造力，并在这个互动的过程中，让用户不断发现惊喜、获得独特的体验感受。

关联：结合感官、情感、思考与行动等多个方面，提供更加全面的用户体验；这种体验主要是把个人体验延伸扩展到与他人、社会、文化的多个体验层面。

各种不同的体验形式都是经由特定的体验媒介所创造出来的，而通过对上述五个不同的体验模块在产品设计中的具体实践，也能充分地了解到产品中具体存在的体验形式。

5.2.1　感官体验

感官体验诉求的是创造各种知觉体验，这包括视觉、听觉、触觉、味觉与嗅觉带来的感官刺激。在产品体验中，关键的一个因素就是增加产品的感官体验。我们的眼睛、耳朵每天都在接收各种产品的感官信息，但很少有产品能够让人印象深刻并成为永久体验的产品。研究表明，鲜明的信息更加引人注目：响亮的声音、绚丽的色彩要比柔弱的声音、清淡的颜色更加鲜明。有效地增强感官刺激能使人们对体验更加难以忘怀，而且突出产品的某一或多个感官特征，能够使产品更容易被感知，促进人与产品之间的互动和交流。利用视觉、触觉、听觉、嗅觉、味觉五种感官刺激能够使用户产生美的享受、兴奋和满足，激发用户的购买欲、增加产品价值以及便于区分同类产品。

1. 视觉是最能影响产品的感觉之一

视觉捕捉产品的颜色、外形、大小等客观信息，产生包括体积、质量和构成等物理特征的印象。同时视觉带来我们对产品的主观印象，比如贵重的外表、结实的形体、精密的形象等，所有这些理解都源于视觉，并形成感官体验的一部分。

1）材质

视觉对现实存在的实体采集信息，然后反馈给人的大脑使人产生相应的感受。产品的造型和形态存在的一个物质基础就是材料，不同的材料具有不同的外观特性，如图 5-2 所示，大理石材质的灯具和餐具设计传递出产品独有的视觉语言，产品设计不仅需要设计师通过材料来思考，而且在很大的程度上取决于材料本身的特性，材料的物理特性、化学特性、加工工艺等因素都会影响产品的造型。如图 5-3 所示，大理石、木制、金属类产品所具备的光泽美、质地美在产品外观上得以充分体现，传达出产品所要表达的信息。

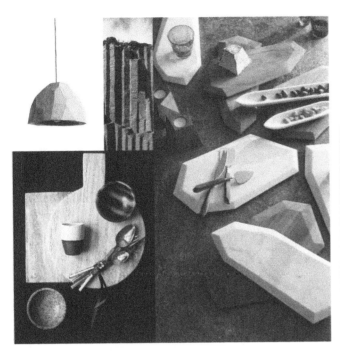

图 5-2　大理石材质的灯具和餐具

图 5-3　大理石、木制、金属类产品

2）色彩

美国当代视觉艺术心理学家布鲁默曾经说过："色彩唤起各种情绪、表达情感，甚至影响我们正常的生理感受。"在设计中，对于色彩的运用已经成为设计师的重要设计语言。人们看到色彩时会产生一定的心理效果，这被称为色彩心情。设计师通过色彩设计可以引导用户的情绪，给用户带来独特的感官体验。如图 5-4 所示，在餐具设计与家具设计中，运用色彩更能唤起情感的新鲜感和舒适性。如图 5-5 所示，设计者将色彩与之相对应的心理感受一一列举，有利于其在日常设计中对色彩的管理。

图5-4　色彩鲜明的餐具设计和家具设计

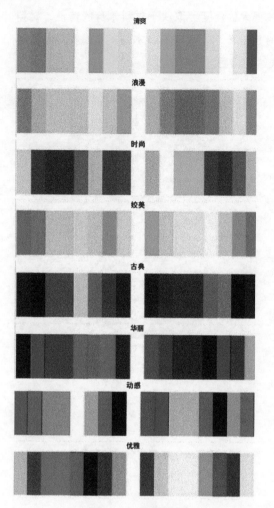

清爽

浪漫

时尚

妩美

古典

华丽

动感

优雅

图5-5 色彩的情感

3）形态

产品通过形态传递信息，用户通过视觉观察，从形态中采集产品信息，并通过产品语意的指引正确合理地使用产品。设计师常常从自然中寻找设计灵感。自然界中存在着各种纷繁复杂的形态，其中不乏美的形态，对这些美的形态进行发掘和收集，就可以从中提炼产品设计的一些基本元素。所有产品的立体造型可以统一归纳为点、线、面等造型要素。在设计中，对构成产品造型的元素进行合理的运用，可使产品形态更具有表现力和感染力。在产品的造型设计中，造型元素的排列方式会直观影响产品所要传递的信息。

4）综合

前文分别从材质、色彩、形态等方面分析了产品的视觉体验，但实际上产品通过视觉给人带来的体验，是综合以上多个方面的信息来传递的。对于产品外观而言，色彩与形态元素相结合、材料和形态相匹配都能给用户带来独特的视觉感受和全新的体验。当一个产品具备多方面的表现力时，用户将从中获取更全面的体验。

2. 触觉对产品体验的感受

如同视觉能够影响产品体验一样，触觉同样帮助用户形成产品印象和主观感受，为形成良好的用户体验提供渠道。通过触觉，可以传达给用户关于产品的信息，如冰凉的冷峻、顺滑的高雅。如图5-6所示，座椅采用岩浆般堆砌的质感，给人以强烈的视觉与触觉的反差；键盘表面设计带来凸凹不平、韵律有序的触感，与视觉相比更具有真实性和细腻感。视觉可以在不同的产品之间游离，触觉是通过直接触摸产品，获得真切的触感。

3. 声音可能扮演着最重要的角色

产品在提供视觉信息之外再辅以声音信息，将更有助于产品信息的传递，使产品更具有安全性。比如产品的声音提醒功能：当电热水壶发出响声时，就是提示用户水开了。任何激烈的或舒缓的、悦耳的或刺耳的、清脆的或沙哑的声音刺激感官，是产生各种情感的基础。音乐带来的听觉感受会极大影响人的情感，因为声音本身就是一个表达信息的有效载体，它提供了情感的暗示甚至记忆的帮助。伴随着适合环境的背景音乐，人的思想和心境更容易融入环境中，音乐聆听者的心情与环境是合拍的，音乐聆听者与音乐产生情感的共鸣；在所有的声音中，音乐带来的听觉体验更为深刻。或许手机设计师最容易认识到这一点，他们以优美的旋律代替了刺

图5-6 泡沫岩石椅与凹凸木纹键盘

耳的声音，这对于产品用户体验有很大的影响。

4. 嗅觉会给用户带来独特的影响

嗅觉带来的感觉也是独特的。研究表明，嗅觉给人带来的印象在记忆中保存的时间是最久的。然而，不是所有的产品都会散发出香味，但是如果能发现一种方式，可以将气味融入体验中，那么它一定会为产品增添不小的乐趣，柏木清香加湿器如图 5-7 所示。

5. 味觉是最难融入体验的一种感觉

一般产品是不能入口品尝的，所以味觉很难融入体验中。但设计就是创新，为了发掘更多的用户体验，在设计过程当中也应该想办法把味觉融入体验设计中。散发水果味道的食品包装如图 5-8 所示。

图 5-7　柏木清香加湿器

图 5-8　散发水果味道的食品包装

5.2.2　情感体验

产品的情感体验需要激发人们的内在感情，其目标是创造情感上的独特感受，如温和、柔情的感觉，或欢乐、激动的情绪。产品的情感体验设计需要了解一个产品是如何影响用户的情绪的，并且使用户融入这种情境中，从而获取全新的产品体验的。

我们对于产品的认识可以通过感官来获取，但是它的内在却更能影响用户对产品的认知。生活中的产品，并不单纯地只是物质性的存在，它们可能是对往事的提醒，或者只是自我展示。情感是生活的一部分，它影响着人们如何感知、如何行为和如何思考。当我们认知、理解产品时，情感体验帮助我们对产品进行选择、评估。诺曼的关于体验的三个层面在实际运作中并没有明确的分界，因为真实产品提供一连串的情感，每个人去解释时，会有不同的感受，甚至是相反的感受。处于各个层面上的设计提供相应层面的情感，三个层面相互影响，具体可以归纳为：本能层面——外形；行为层面——使用的乐趣和效率；反思层面——自我形象、个人满意、记忆。如果要成功设计一个产品，这三个层面都要顾及，这样用户才能获得多样化的情感体验。

1. 本能层面的情感体验

本能层面的设计的基本原理来自人类本能，在人与人之间和文化之间基本都是一致的。它不受文化差异的影响，大多是流行的、时尚的。因为本能层面与最初的反应有关，所以对它的研究十分简单，只是把设计放在用户面前等候反应。在本能层面上，物理特征——视觉、触觉和听觉处于支配地位。最佳的情况是，人们对于外形的本能反应最突出，看到产品的第一眼，就想要拥有它，这是本能设计层面最终的追求。

本能层面的设计就是即刻的情感效果。产品给人们的第一前印象有漂亮、可爱等，如图5-9所示，企鹅模样的螺丝刀将DIY工具融入装饰美学，让冰冷的工具赋予温暖的元素，其兼具质感及可爱的握把不仅可以提升操作的舒适度，还可以提升修缮时亲子间的互动、凝聚家庭的情感。这些非常简单的、直观的感受，是用户的本能反应，使产品能得到用户心理上的认同，如图5-10所示的沙发椅。

图5-9　企鹅螺丝刀

图5-10　沙发椅

2. 行为层面的情感体验

行为层面与产品的效用，以及使用产品的感受有关，感受本身包括三个方面：功能设计、性能设计和可用性设计。

1）功能设计

在大部分的行为设计中，功能是首要的。若功能不能满足用户的需要，设计就是失败的。真正成功的设计，不仅在外观上能获得人们的喜爱，而且在功能上能达到使用的目标。一个产品必须通过行为测试来满足用户的需要。

2）性能设计

从表面上看，使产品具有必需的功能好像是最简单的标准，但是事实上用户对功能的需求是一个多方面的综合需求。当功能齐全了，人们就会关注它的性能如何、产品是如何实现这些功能的。当一个产品类型已经存在时，性能方面的改善是在人们使用经验的基础上不断改进的。对产品在使用过程中设计出的问题进行分析，针对性地解决问题就会设计出更加实用和更加完美的产品。优秀的行为层面的设计，最关键的就是了解用户如何使用一个产品，善于发现产品的不足之处，进行完善。

3）可用性设计

关于产品的可用性，我们在前面已经有较详细的讲述。技术发展会使产品的使用变得日益复杂，一个各方面性能俱佳的产品也会面临可用性的问题，即如何使产品符合用户需求且方便易用。

如果不能理解一个产品，那么就不能正确地使用它，至少不能好好地使用它，如图 5-11 所示的伸缩扫把。用户如果对整个过程缺少完整的理解，那么在使用产品时可能会出现束手无策的局面，而最好的方法是建立一个适当的概念原型。诺曼指出，对于任何产品，不同的用户就会有不同的心理形象。设计师头脑里的模型和用户模型应完全一致，这样，用户才能正确地理解和使用产品。设计师脑中的形象称为设计师模型，使用产品的用户所具有的形象则是用户模型。

3. 反思层面的情感体验

反思层面的设计涉及很多领域。它注重的是信息、文化以及产品或者产品效用的意义。反思层面的设计与物品对一个体而言具有特殊的意义——能引起个人回忆，对个人而言是一种非常特别的经历——它与自我形象和产品传递给其他人的信息有关。

1）引起回忆的物品

对于引起回忆的物品，它们外在的形象、行为的效用对用户所起的作用相对微小，重要的是其交互作用的历史、人们与物品的联系，以及由它们引起的回忆。

如图 5-12 所示，这些小纪念品能够吸引人并引起人们的驻足，是因为它有一定的意义，满足了人们的需要。这些纪念品本身可能确实没有太多的价值，它们之所以变得重要，是因为它们是一种标志，是回忆或者联想的源泉。

在设计过程中，设计者倾向于把美和情感联系起来。当设计者建构一件美丽的、可爱的、华丽的产品时，无论这些特征多么重要，更能打动人的是蕴含在产品里的一种情感、一个故事、一个瞬间、一段回忆。设计者将回忆中强烈的情感因素通过某个产品所激发出来，这样设计者就可以不在乎这个产品的外在因素如外形、色彩等，人们重

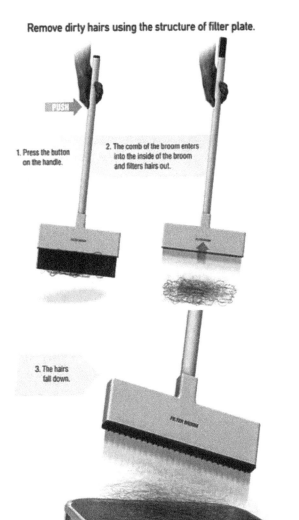

图 5-11 伸缩扫把

图 5-12 纪念品

视的是它具有释放人们记忆的能力，使人们回忆起过去的经历和感受，是情感的力量让这个产品发挥它的闪光之处。

2）满足自我感觉的物品

回忆反映了人们的生活经历，回忆使人们或想起家人和朋友，或想起经验和成就，增强了自我认知的能力。自我形象在日常生活中的表现，我们每个人都会有意或者在潜意识中去关注。自我的概念应该是人的一个基本属性，它依据心理机制和情感起作用。这一概念深深地扎根于大脑的反思层面，高度依赖于文化规范。在很多产品的展示中，往往将名人形象和产品一起展示，这些展示的名人形象作为用户的榜样或英雄引导用户通过联想形成一种物有所值的感觉。在设计中，设计者应尽量提高产品在这些方面的价值。用户对产品的选择常常也是对自我的一个陈述。从某种程度上说，购买的产品和生活方式都反映和树立了用户的自我形象，以及用户在旁人心中的形象。

3）令人满意的产品

用户在购买产品时会综合考虑各方面的因素，只有产品的各方面都达到用户的期望值，用户才会决定购买。用户大多会选择令人满意的产品，即产品达到一定的用户满意度。用户满意度是指用户存在着对商品、服务及相关因素的情感体验，这种情感体验会影响到用户本人及其他用户的消费行为，用户的情绪体验越强烈，对用户本人和对其他用户的影响力越大。

在用户满意度的衡量中，我们选择的令人满意的产品，大多都处于反思层面上的设计。在反思的行为层面上，人们更多地从长远来考虑产品是否具有良好的品质和有效的性能，当然，人与人之间存在着巨大的个性差异，并且也有文化的差异。要使一个产品适合所有的人是很难的，所以在设计时要针对不同的市场、不同的人群，设计符合不同的人的个性产品，也能极大地提高个人的满意程度。

5.2.3　由参与引起的行动体验

互动的体验更倾向于行动带来的体验，这需要在用户和产品之间形成创造性的交互作用。通过增加用户参与其中的体验，丰富产品用户的生活。在这个体验过程中，情感上的体验是改变一种生活形态或激发另一种生活形态这两种变化的源头。

从用户的角度来看，产品的参与性提供了一个使其参与设计的平台。它能让使用产品的用户对设计师的设计进行再设计或者达到设计师与用户共同设计的效果。用户是按照自己的意识去进行再创造产品的，其间必然会植入个人情感，充分调动起个人的生活经验，始终以个人的审美习惯为导向，还会凭借个人的审美趣味和标准以及自己的价值观去判断，因而创造出来的产品体现出强烈的个人色彩。产品提供给用户一个亲身参与的机会，也会带来行动的体验。在科学技术飞速发展的当代，所有的产品都趋向高智能、高效率，随着机器人的开发试制，在未来甚至最基本的生活行动都可能被机器取代。而在如此高信息化的时代，人们对于身体运动的概念变得强烈起来。在产品的使用上能很好地融入人的行动上的参与，调节现代人的生活，能给人们带来一种全新的生活体验。

在产品设计阶段，让使用产品的用户参与到产品设计的实质性过程中来，使用户可以根据个人的喜好设定产品的色彩、材质、造型或结构等，这种参与造型设计的行动也是一种创造性的体验，在很大程度上体现了用户的个人创造力，更能使产品体现其个性的魅力。

1. 参与创新性的行动体验

通常我们购买的一些产品，设计师早已按照既定的颜色、形态以及材质展现给我们一个在造型形态上已不能改变的产品形式。而参与性的设计，使用户在产品造型形成阶段根据自己的意愿参与形态的创作，所设计的产品会更贴近用户的心理，同时在这个参与形态创新的设计中，用户更能获得这种参与设计的行动体验。

2. 参与选择性的行动体验

当产品由于功能及结构的需要，不可能在形状上有太多的变化，而用户确实在外形上有个性需要时，选择性设计的介入会满足这一类用户的要求，当然人们在参与这种选择性设计时，整个行动的过程同样是一种参与设计的体验。选择性设计产品造型虽然不能使产品在整个大的产品形态上有太大的变化空间，但是可以改善产品的外观，比如产品的颜色、外部材质以及加入一些更多的元素对原有产品进行美化，这些都在选择性设计的范围内。

3. 参与组合性的行动体验

在用户参与产品的部分组合、安装的过程过程中，用户会真正感受这种行动的快乐。例如宜家的家庭用的桌子，作为产品系统而言它属于组合式设计类型，而作为产品系统的子系统来说，它属于模块化的设计类型，用户可根据自己的不同需要自由挑选、组合。就桌面造型而言，有各种规格、尺寸、质地、色彩等可供选择；就功能类型而言，有餐桌、电脑桌、写字桌、装饰桌、儿童桌等可供选择；就材料而言，有木质、钢质、有机玻璃等可供选择，甚至桌腿也同样具有多种选择。不管组合而成的是餐桌还是书桌，也无论它们的各个组成部分来自于几个国家，它们都保证了所组合的连接件是相同的(如螺丝的大小、长短相同，嵌入式的插孔规格相同)，所采用的安装方式都是类似的。因设计师极具创意的设计，最终形成了这类产品的独特之处——产品的实用主义与用户创新精神的最大融合，产品为用户带来了更有意义的体验过程，也体现出了用户的个人思想。宜家餐桌（4 人座）设计如图 5-13 所示。

图 5-13 宜家餐桌（4 人座）设计

5.2.4　由认知引发的思考体验

体验活动不是只停留在行为活动的层面，它还包含不断进行的内心的反思活动。只有在实践活动中不断反思、总结、再反思、再总结，才能促进实践活动的顺利开展，也只有包含批判、反思、理解和建构的活动过程，才是体验的过程，没有思考的操作不是体验的操作，没有主动的有意识的参与，就不会有建构与创新。

5.2.5　由系统产生的关联体验

关联体验包括以上提到的感官、情感、行动以及思考等层面的体验。关联的意义能够超越私人感情、人格和个性，将个人对理想、自我、他人或文化进行关联。在系统中的改善体验，让人和一个较广泛的社会系统产生关联，从而建立个人对某种产品的偏好，同时让使用该产品的人进而形成一个群体。举个例子，如果你想喝咖啡，有两家咖啡店互相挨着，咖啡的味道一样，价格一样，你会走进去哪家咖啡店消费呢？理由是什么？商家的目的，是卖出更多的咖啡；对于消费者而言，购买咖啡本身的意义远不及整个咖啡店的整体系统体验来得有说服力。又如，对于一个生产沙发的企业，可能想的是如何赚更多的钱、开发新产品扩展市场等；但是用户想的是使用舒服、质量好的沙发，所以这就要求在产品设计过程中做出舒服、优质的沙发来服务用户；进一步了解用户后，发现本地公寓住户居多，年轻人多，用户希望使用小一点、可以自由搭配组合、时髦一点的沙发，这些用户的需求会成为设计新款沙发的输入点，而且在销售方式上也会灵活搭配沙发售卖，而不是使用传统的一整套沙发售卖的方式；然后还发现本地居民开小卡车的人少，大部分人开轿车，轿车是装不下沙发的，所以需要给用户提供优质的送货服务；最后发现本地用户喜欢上网，于是建立了一个网站，搜集用户对沙发的评价、意见，形成一个沙发粉丝论坛……这就是系统的设计思维过程，也是关联性体验的最终目的。

5.3　产品体验设计的设计方法

5.3.1　用户体验与产品设计的层次分析

产品性质不同，尤其是硬件产品和软件产品差别很大，其体验的定义和设计方法自然也不同。在《情感化设计》一书中，诺曼将体验也分为感官的、行为的和反思的三个层面。用户对一个产品的体验是以递进的方式进行的。首先是看起来如何（感官），其次是用起来如何（行为），最后是对产品进行探索和思考（反思）。如果一个产品给用户的第一印象是不能满足用户的需求，很可能不会有后面的交互过程，也不会有对这个产品的原理的探索和思考。

对于体验的三个层面，根据艾兰•库伯的观点，产品用户可分为浏览者、参与者和该领域的研究人员。任何一个产品都具有这三个层面的用户。浏览者层面的用户较多关注产品的外观，而对产品的内涵和实现原理关注较少；参与者层面的用户对产品的使用关注较多而对产品的外观关注较少；而专家用户则是更多地关注产品的内涵和实现原理。对于一个有内涵的产品，用户将从浏览者演变成参与者，然后成为专家，在这个过程中，对于同一个产品的不同层面的用户来说,他们所看到的是产品的不同侧面,因此在进行用户研究时,设计者必须注意用户背景的差别。用户体验与产品设计如图 5-14 所示。

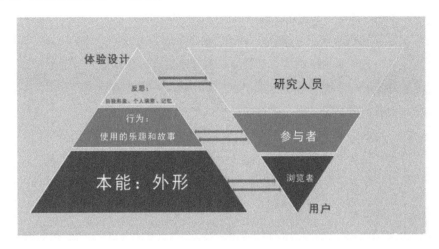

图 5- 14 用户体验与产品设计

根据产品的三个层面,可以将设计分为视觉设计、交互设计和功能设计三种类型。根据工作内容不同,这三个工作是由浅入深的:视觉设计负责的是产品外观的设计及创意,即产品给用户的最初感觉;交互设计师负责用户行为的设计和创意,即用户与产品的交互;功能设计的责任在于产品功能和创意的实现,即产品是如何运行的。

5.3.2 创新增加产品体验

为了使体验得以延续,建立一个体验平台,企业必须致力于不断创新以提高用户的体验并保持这种企业竞争优势。当然,具有突破性的产品,确实能彻底改变某种产品体验,但是由于资源有限,不可能使这种具有全新创意的产品不断产生。但是改良式的创新通过改善产品一个很小的方面能带来别样的产品体验。创新可以演绎为挖掘产品中的可发展因素,改善的结果是可以带来全新的产品体验。这种创新的方法可以涉及用户和产品接触的各个方面,因此它在产品体验中的运用具有非常大的广度和深度。

(1) 创新增加产品体验可以使产品活起来。在体验经济中,人们尝试做各种各样新鲜的事情,人们在心理上希望能够不断突破、不断寻求新的感受。对待产品时,人们同样会存在这种求新的心理。大多数的产品设计师关注产品本身的内部技术细节,比如它是怎样工作的,如果注意的重心转移到用户个人对产品的使用上,注重更新的使用感受,结果会是另一番现象:产品设计师不断将新体验加入产品设计中,具有很强的创新色彩。

(2) 创新增加产品体验可以使产品感知化。为使产品更具体验的价值,也许最直接的方法就是增加某些要素,增加用户与产品之间相互交流的感觉。一些产品可以充分利用它们本身的特性,给人以愉快的感觉。如果有些产品在感知方面不具备特色,那么产品设计师可以将产品某一方面的感官特性赋予产品,使其更容易被感知。例如:通过具有凹凸感的字,摸起来沙沙响、没有皱纹或特别光滑的纸面,来大大地提高书籍杂志封面和内页的质量。将这种创意运用在产品上,使产品更易被感知。用户接触或使用产品的过程中,重视产品带来的感官刺激,能使用户体验更加深刻。在创新设计过程中,设计师应该消除一些传统的想法,努力在产品中挖掘能让人感动的地方,开发一些让人难以忘怀的活动项目并建立吸引用户的主题。

5.3.3 将体验融入新产品开发

使产品具有理想的产品用户体验是所有公司的目标,公司的创新应该把产品用户体验融入产品开发的过程中。大多数研发部门的工作人员是工程师和技术人员。他们往往忽视用户,特别是在开发过程中忽视用户使用产品时的内心想法。我们需要在产品开发进程中吸收用户的想法和观点，当然，用户的意见不可能涉及错综复杂的技术，但是当一个公司在开发新产品过程中，有一个基本的创新概念并建立基础产品模型时，就应该按体验的方式进行用户测试。在开发阶段就重视产品体验的引入，这样新产品在投放市场时会有更好的市场效益。

市场评估是产品开发过程的一部分，大多数公司在广泛的基础上进行生命周期研究、竞争分析等。然而在产品开发的第一阶段，应当努力去理解用户的体验世界。在新产品开发过程中融入体验时应以用户为导向，设计团队必须接受用户的建议，并在开发中有所创新。新产品开发的体验方案的运行过程，实质上也是从用户反馈到设计团队、从设计团队到用户反馈的反复过程。在这一反复过程中，不断提出问题，同时也带来了创新的解决问题的方案。

创新设计在很大程度上直接影响着用户的体验。将创新融入产品开发的过程中，及早地捕捉到用户的体验需求，可指导产品开发的方向。基于用户体验的创新设计方法可以为产品提供更加全面的体验机制。

5.3.4　主题化设计

1. 构思一个有良好的定义的主题

好的设计有时需要好的名字来烘托，引导人们去想象和体味其中的精髓，让人心领神会或怦然心动，就像写文章一样，一个绝妙的题目能给读者以无尽的想象。借助语言词汇的妙用，给所设计物品一个恰到好处的名字，不仅能深化其设计内涵，而且往往会成为设计的点睛之笔，可谓是设计中的"以名诱人"。在将独特的命名方式用在产品上的设计师中，菲利普·斯塔克是一个代表，他的每件产品都被赋予了形象化的名字，人们能立即从名字中展开无数与产品的联想以及希望了解隐藏在产品背后的故事。通过产品名字，使用户与设计师之间能够建立起一种牢靠的统合感，产生一种不寻常的亲切关系。用更诗意的文字创设出迎合人们浪漫心态的更讨人喜爱或者是能引起人们强烈感受、引起美好回忆的产品意象，可说是市场营销的一种策略，在为产品加上能引起人奇妙幻想的名字的同时，人们将从追求在物质上拥有它们转变为对拥有本身的个体性崇拜和公众性艳羡。一个名字能带给我们许多思考和联想，它给我们所带来的心灵上的震撼和情感体验是不言而喻的。

2. 好主题的制定标准

一个有好的创意的主题，必定能够在某一方面影响某些人的体验感受。所有好的创意主题都会有一些共性的地方，将这些共性之处进行归纳总结，即可为制定创意主题的标准。

（1）具有诱惑力的主题必须调整或改变人们对现实的感受。每个主题都要能改变人们某方面的体验，包括地理位置、环境条件、社会关系或自我形象。

（2）一个有好的创意的主题往往能打动一定的人群。制定主题要有目标地针对体验人群，这可以与市场细分联系在一起，根据所面对的目标用户，采用最能打动他们的主题。设计者在对用户行为进行研究分析的基础上，更好地分析和理解这部分人群的心理及生理情况，掌握他们的行为和思想方式，制定相应的主题必能抓住用户群的注意力。

（3）富有魄力的主题，能集空间、时间和事物于相互协调的一个系统中，成功主题的引入能将体验者带入一个故事的情节中。在故事中有空间、时间和事物，体验者的参与使这个主题故事更好地演绎下去。引入一个主题，用讲故事的方法演绎产品现在正被很多企业采用。很多国际大品牌就是用一个个故事来展现他们深厚的文化底蕴，并以此吸引广大消费者。

（4）好的主题能在多场合、多地点布局，进而可以深化主题。好主题的制定，一定便于更好地推广产品，并且在点化主题的工作上易于操作，这样人们不断处于这种影响下，对于主题化的思想更加深刻和明确。企业的主题化思想深入人心，深化了主题，达到了主题化设计的目的。

3. 强化主题，塑造产品印象

（1）产生印象。主题只是体验的基础，还需要塑造不可磨灭的印象，才能呈现体验，实践主题。产品的一个标贴、某个附件都有助于烘托这个产品主题，强调产品印象。所谓印象，就是体验的结果，一系列印象组合起来影响个人的行为并实现主题。至于用户对于产品的印象，贝思特·施密特和亚历克斯·西蒙森在《视觉与感觉：营销美学》中，提出整体印象的六个方面。

时间：关于主题的、传统的、当代的、未来的体现。

空间：城市 / 乡村、东 / 西(南 / 北)、家庭 / 企业、户内 / 户外的体现。

技术：手工制作 / 机器制作、天然 / 人造的体现。

真实性：原始 / 模仿的体现。

质地：精制 / 粗制或者奢侈 / 便宜的体现。

规格：大 / 小主题的体现。

（2）塑造印象。印象还必须介入企业的行为。印象是企业向用户介绍和传达体验的线索，每个线索都要能够很好地体现主题。通过各个正面线索的引入，让体验带给用户无法抹去的印象。

5.3.5 创造品牌化体验

从社会学角度来说，品牌是一种符号化的东西，是一种存在于用户头脑中的印象，对品牌的忠诚本身就可以带来比较良好的体验，尤其是在品牌社会认同度高的时候。设计者在进行体验性产品设计的同时，更多地要考虑到产品的体验价值，将产品嵌入品牌体验的平台中。

在逛商店这种情况下，用户既有静态的品牌体验也有互动的接触体验。在店内，用户遇到许多成为品牌体验的一部分的静态因素，如设计、店内装潢、店内广告等；也有部分动态的用户接触面，如与销售人员或服务人员的接触。可以将品牌体验归纳为以下三个方面。

1. 产品体验

产品是用户体验的焦点。当然，体验包括体验产品的自身性能。但是随着高质量产品的普及，这种功能上的特点在产品竞争中不再占有很大的优势。从目前情况来看，产品体验方面的需求比单纯的功能和特点上的需求更重要。首先要考虑产品是如何工作、运行的。关于这个问题，不同的人会有不同的见解。设计人员会用体验的眼光来考虑问题，用户人群也会考虑产品的体验。但用户不同于设计人员，他们没有直接参与设计过程，他们是在与产品的接触中产生体验的，对于用户来说，用起来简单方便的设计才是好的设计。

当然，产品还有美学上的吸引力。产品美学——它的设计、颜色、形状等不应该与功能和体验特点分开来考虑。设计者应注重产品的全面体验，使产品的各个方面凝聚在一起，形成最优化的整体。

2. 外观设计

产品外观是品牌体验的一个关键方面。用户不仅可以看到产品外观上的符号，且体验的基本事实清楚地反映在符号中，广告的意义就是利用符号来刺激体验。这样的体验式广告加深用户对体验经历的记忆，或者本身就是一次体验经历。体验式广告必须挖掘新鲜体验元素并以新鲜体验元素作为主题，使广告感知化，增加用户与广告之间的相互交流。

5.3.6 基于体验的品牌传播

在体验经济时代，品牌传播是将企业品牌与用户的联系变得最为紧密也最为关键的一环。品牌传播必须充分考虑目标用户对个性化、感性化的体验追求，使用户在体验的同时达到品牌传播的效果，从而加强用户对品牌的忠诚度。

1. 将品牌传播上升到企业发展战略高度

企业想获得竞争优势，要么比别人成本低，要么有独特的特点。面对产品同质化以及用户对个性化体验的渴求之间的矛盾，以形成品牌差别为导向的市场传播(即品牌传播)成为企业打造重要战略平台的竞争优势之一。因为用户每一次对某一品牌产品的消费，从开始接触到购买再到使用，都是一次体验之旅，而这些体验也将会强化或改变用户原有的品牌认识。所以，企业要把品牌传播提升到企业发展战略高度，以系统的科学观协调好企业的各方面，为用户创造一体化的体验舞台。

2. 定位品牌，捕捉用户心理

品牌定位是决定一个品牌成功与否的关键。准确的品牌定位源于对用户的深度关注和了解。用户既是理性的又是感性的，而且市场证明满足用户理性的消费需求是有限的，而感性的消费需求却是无限的。依据目标用户的个性特征，塑造一个具有个性的感性品牌，无疑在体验经济时代可使品牌具有很强的生命力。这种感性的品牌个性让用户在更多的体验中享受品牌带来的个性化刺激的感觉。但这并不否认品牌理性特征的重要性，因为无论是用户的感性还是品牌本身的感性，实际上都来源于其各自的理性。

品牌定位的焦点在于寻找品牌个性特征与用户需求之间的交叉点和平衡点。重要的是，品牌定位不在产品本身，而在用户心底。用户的心智必将成为体验经济时代品牌传播的"众矢之的"，抓住用户心理是获取品牌忠诚的必经之路。在用户享受品牌体验之中传播品牌个性，紧扣用户心智的脉搏，达到"心有灵犀一点通"的境界。

3. 提炼品牌传播主题，把握品牌接触点，提供全面用户体验

企业的日常运营无时无刻不在传达出相关的品牌信息。提炼传播主题对品牌传播具有举足轻重的意义。它可以鲜明地彰显和宣扬品牌个性，让用户很快建立起品牌与自己生活方式、价值观念相适应的情感联系。在某种程度上，品牌传播的主题就是用户体验的主题。在品牌传播的过程中，详细规划接触用户的过程，并在这一过程中传播产品的品牌信息。这样长时间地给予用户全面的体验，使用户对产品产生印象和记忆，并且对产品进一步产生感性认知。以这种形式，充分利用品牌的接触点，以产品设计作为实现途径，为用户提供更多、更全面的体验服务。

本章重点与难点

1. 理解产品设计与体验设计之间的关联，了解产品体验设计的基本流程，能结合设计案例分析体验过程中的设计痛点。
2. 掌握产品设计中体验的存在形式，结合体验设计的方法进行产品造型设计。

❓ 研讨与练习

1. 设计与技术，都是创造突破式创新的重要推动力，体验设计也不再是一个专业，而是一种思维方式。试探讨现阶段体验设计的本质，体验设计和技术、科技之间的关系。

2. Frog Design 是德国信息时代工业设计代表，结合该公司的设计案例，分析其用户体验的设计流程。

第 6 章

形态的处理手法

XINGTAI DE CHULI SHOUFA

本书第3章中详述了关于形态的基本组成要素和美感，本章将继续探讨由面到体的处理方法和创新的设计思维方法。

6.1
面 的 凸 凹

1. 凸与凹的形态性格特征分析

面的凸凹在产品设计中是一种较为常见的处理手法。一方面，凸凹变化是形式美的需要；另一方面，凸凹跟产品的实际使用功能关联密切。

如图 6-1 所示，凸起的形态的表现形式为一种向外推进的能量和积极的扩张感，且富有张力感，有隆起、腾达之势。凸起的形态呈现出一种积极的姿态，给人以兴奋、充实、伸展、迎接、丰富的喜悦感。

如图 6-2 所示，单从视觉感受上来看，凹的形态呈现出被动和接受的姿态，有降落、隐蔽之势。凹下去的部分被看作整体块面的空隙，起到由扩展、充满、紧张到放松、休息一下的调节作用。

图 6-1　凸形态产品　　　　　　　　　　　　　　　　　　图 6-2　凹形态产品

因此，凸起多表现为功能的外露和可操作性；凹进则表现为功能隐藏，等待被发掘，让人联想到更为丰富的内涵与意义。凸与凹作为设计语言，有自己的特性：凸为主，凹为次；凸为实，凹为虚；凸为强，凹为弱。凸与凹形成鲜明对比，可产生丰富、活泼、强烈的美感。

2. 凸与凹的美学价值

1）凸与凹自然美的表现形式

凸与凹是大自然的基本形式。山的壮美，是凸与凹造型绝妙的表现。如图 6-3 所示，错落有致、变化多端的山峦正是大自然创造的凸与凹的绝妙艺术品。

现代航天技术让人类能够从太空观看地球、月球(月球表面如图 6-4 所示)、火星，这些星球同样表现为凸与凹的造型。

图 6-3　错落有致、变化多端的山峦

图 6-4　月球表面

植物的表面肌理表现出各种奇妙而独特的凸凹变化，如图 6-5 所示。

动物的皮毛用凸凹创造功能，是上帝的杰作，如图 6-6 所示。

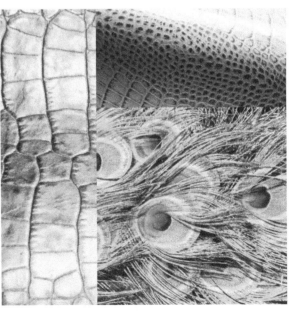

图 6-5　树叶和树皮

图 6-6　动物的皮毛

2）凸与凹是人造美的基本表现手段

从远古时代的人造石器、陶器、青铜器开始，人类已经开始有意识地运用凸与凹的处理手法进行创意。凸与凹用于美的装饰，可以在很多人类文化遗产中找到。在现代科学技术发达的今天，现代建筑用凸与凹的变化丰富其立面设计；在各种各样的工业产品中，凸与凹不仅表现其外观丰富的美感，而且直接用于功能和语意表达，实现了功能与美的完美结合。人造物的凸凹形态如图6-7所示。

3. 凸与凹在工业产品设计中的应用

在产品的结构与功能设计中，经常使用凸凹变化。如金属外壳采用凸凹变化可增大其强度，故结构上必须有凸与凹的变化；凸轮轴是将不同半径的圆连接在同一轴芯上，形成环状凸凹变化。

图6-7 人造物的凸凹形态

1）功能界面、人机界面

用于操作的按钮、旋钮、操纵杆等多半都是凸起的形状。凸起的形态一般是功能和语意较为突出体现的部分，也是设计者传递给使用者产品内涵的有力手段。如图6-8所示，凸出的形态强化方圆之间的对比关系，使人联想到方与圆的构成要素在产品形态中的微妙变化。同时，凸出的圆形按键也是指示产品功能的明确提示。

2）人机工程学的需要

用人机工程学对系统进行总体分析，对局部进行体感、手感、握感、踏感的研究处理，可用不同块体的凸起或凸与凹的结合来处理。

图6-9所示为一款U盘设计，该产品在操作部位进行了凹进去的处理手法，符合人们的使用习惯。所以，凹的处理手法是内敛含蓄的形态语言，通常凹进去的同时，会有凸起来的形态与之互补。

图6-8 GIRA遥控器

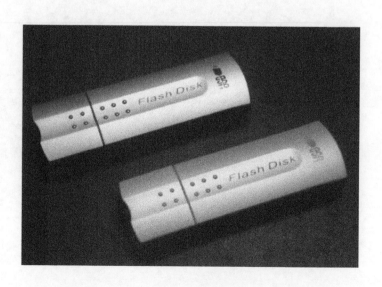

图6-9 U盘设计

3）造型艺术处理的需要

随着市场经济的深入发展，工业产品的市场竞争非常激烈，人们对现代产品设计的要求越来越高，总体设计要美观大方、新颖独特，细部设计要丰富、细腻。细部的凸与凹处理，是设计师必用的设计手法，它既可以追求丰富的美感变化，又可以强化功能的表达。

4. 产品细部设计中凸与凹的应用

在产品设计过程中，设计师应该有凸凹处理的意识，注意观察、研究国内外优秀产品设计中凸凹处理的优秀典范，学习别人好的方法，丰富自己的设计手段。

1）凸与凹的表现形式

前面我们提出产品设计中的凸与凹是相对广义的凸与凹，同样适用于点、线、面、体的构成法。

凸点：如按钮、按键、小指示灯、小旋钮、小装饰凸球面等，其应用如图 6-10 所示。

凹点：如小插孔、小灯孔、小孔、小凹球面等，其应用如图 6-11 所示。

图 6-10　凸点在产品设计中的体现

图 6-11　凹点在产品设计中的体现

凸起的线：如凸起的方条、凸起的半圆条、按键联合成条等。图 6-12 所示的不倒翁体重计和浇花水壶，由日本设计师柴田文江设计，均用凸起的线和面来营造形态的不确定性。

(a)不倒翁体重计

(b)浇花水壶

图 6-12　不倒翁体重计和浇花水壶

凹进的线：如凹槽等，其应用如图 6-13 所示。

凸起的面：如局部凸起的功能面、大旋钮等，其应用如图 6-14 所示。

凹进的面：如局部功能面凹进、大凹孔等，其应用如图 6-15 所示。

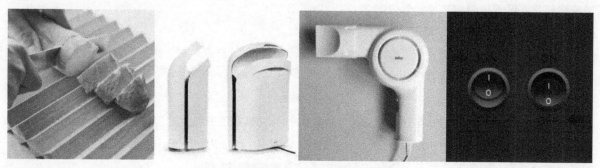

图 6-13　产品设计中凹进的线的处理细节

图 6-14　凸起的面在产品设计中的运用　　　　图 6-15　凹进的面在产品设计中的运用

2）凸与凹在设计中的艺术原则

在产品形体艺术造型中，统一与变化原则是最具艺术表现力的原则，是最具活力、最具创造力的原则。因为任何物象的美，都表现在它的统一性和差异性之中。完美的形体设计必须具有统一性，统一可以增强形体的条理及和谐的美感。但只有统一而无变化又会给人单调、呆板的感觉。为了在统一中增强美的情趣和持久性，必须在统一中加以变化。变化可以引起视觉的刺激与兴奋，增强物体形象活泼、生动的美感。如果过分变化，没有整体统一的形象，又会使产品形体造型杂乱而缺乏整体感。优秀的设计必须做到变化与统一的完美结合。

凸起与凹进就是统一与变化原则的具体运用。凸与凹本身就是变化、活力、情趣之源，凸与凹就是实与虚的对比、强与弱的对比、主与次的对比。设计师可刻意追求自己的风格，但必须在统一上下功夫，以求得最后效果的完美。凸起、凹进的面或体，在同一个产品中可能多次出现，其形式、大小可根据具体情况处理，但风格必须一致。同时，凸起、凹进还应符合节奏与韵律和整齐一致的艺术原则。

3）凸与凹在产品细部设计中的应用

一个成熟产品只有不断改进升级，应用最新技术，追赶时代步伐，才能立于不败之地。在同一产品的升级、换代过程中，技术要升级，设计同样要升级。在产品造型的升级、更新设计中，加强与细化凸与凹的设计是重要且常用的手段之一。在图 6-16 中，自上而下分别为兰博基尼 Miura(1965)、Countach(1974—1990)、Egoista(2013)的汽车外观造型，我们从中可以看到凸凹设计手法的演变过程，从 20 世纪八九十年代的平面、单薄，逐步强化、细化、深入化，显出凸凹对比的艺术魅力。

(a)

(b)

(c)

图 6-16 兰博基尼车型

所以，在产品的形态设计中，凹形成虚空，构成负形；凸形成实体，构成正形。凹通常用于处理操作，与人的行为密切相关；凸通常用于处理产品的技术功能，与技术特点密切相关。有凹必有凸，有凸必有凹，设计在形体与凹处、形体与凸处产生，设计更在于凹中之凸、凸中之凹。

6.2 面 的 转 折

学习雕塑的人都知道，雕塑造型除了比例、动态、结构、形的特征以外，最重要的莫过于体积感。体积感是一种视觉与心理上的体验与感觉，体积感简单地说就是立体感和质量感。体积感的形成及体积感的强弱主要取决于各种面与面之间的关系——转折和面的处理。徐悲鸿先生曾对初学素描者讲"宁方勿圆"，也就是面的转折要鲜明，不要含糊。

在造型中面的转折很有学问，转折有刚有柔，有的地方像刀锋般锋利，有的地方像小孩皮肤般柔嫩。面的转折离不开面的处理，面可以是平整的面，也可以是微凸的曲面，还可以是圆润的曲面，面与转折的处理要根据物体的结构、质感及创作者的观念去处理。在工业产品造型设计中，产品的面与转折的处理关键是窝角与曲面。汽车面的转折叫作窝角，如大窝角、小窝角，窝角可以用数值表示。曲面是指微凸的面，也可以用数值表示。窝角与曲面是一种理性的对面与转折的表达，好处是均可以用数值表示，便于生产和制模，不足之处是对面与转折的审美感受重视不够。

多年前有一种叫作"万山"的小客车，可以坐六七人，车的造型是个长方形盒子，各方向的面均是平整的，转折处几乎成直角，没有过渡，整个车显得单薄、乏味。后来我国进口了一批日本的名为"面包车"的小客车，顾名思义，形似面包，顶上有较大的曲面，两侧是微凸的曲面，转折处有较大的过渡弧面，这种车使人感到敦厚、结实、温暖，也有体积感。

在汽车造型中，有过硬边锋风格，汽车的各个面平整，转折的地方尖锐，形成笔挺的线条，表现一种速度和力度，似乎有硬汉的味道。后来又产生了新边锋风格，新边锋糅合了流线型和有机主义的某些特点，对硬边锋的几何化、机械化有所改进。最早生产的上海桑塔纳汽车如图 6-17 所示。

1967 年生产的凯迪拉克汽车如图 6-18 所示。

图 6-17　上海桑塔纳汽车　　　　　　图 6-18　凯迪拉克汽车

这两种汽车造型都是硬边锋风格的代表。后来汽车造型盛行交叉型风格。交叉型又称混合型，就是把两种或两种以上汽车造型风格特征融合到一种车型上，体现了人的多方面需求，如力量、速度感、温馨、人性化等。交叉型风格使汽车造型中面与转折的研究达到了新的高度。在家电和日用品的产品造型中，图 6-19 所示的 HTC 手机、LEXON POPU 商务 U 盘和 LOMOGRAPHY LOMO 拍立得相机，虽然基本上都呈长方形扁盒子状，但线和面的转折采用不同的设计，使得产品丰富多彩、变化无穷。

(a)　HTC 手机　　　　(b)　LEXON POPU 商务 U 盘　　　　(c)　LOMOGRAPHY LOMO 拍立得相机

图 6-19　产品造型

6.3
形 的 切 割

　　平面设计中对视觉心理的运用启发我们，在产品设计中要对抽象的产品形态进行控制和把握。产品形态不在于盲目地追求怪异，特别是在产品的整体形象由一些方体、柱体、球体等基本形体通过一定的构造方式形成，同时形体也容纳了一定的技术功能结构的情况下。

　　图 6-20 所示为一组扩音器设备，其造型简洁，以几何形体为基本形进行切割（如直切、横切、斜切）是形态处理的常用方法。独特的设计不是去创作怪异的形体，而是尽可能地以简洁、适当的方式向用户传递适当的信息。

　　图 6-21 所示的工具箱的基本形是立方体，通过橙色的切削线加以剪切或组合就能形成产品外观的多样性和差异性。从棱角分明的锐利、丰盈到倒角曲线的温和、典雅，再容纳不同的技术结构功能，立方体就能表达出不同的产品形态特征。

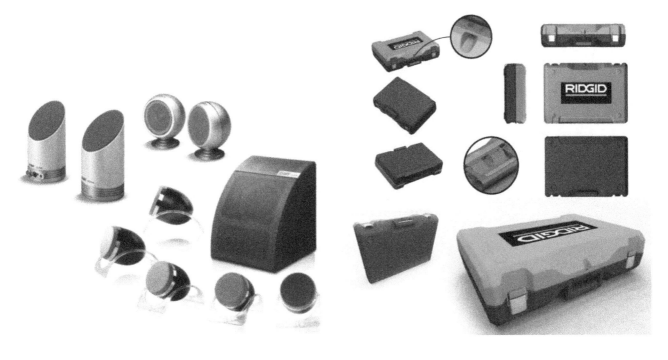

图 6-20　扩音器设备　　　　　　　　　　图 6-21　工具箱设计

切割构型的作用如下。

（1）切割形成可区分的功能界面。这是形式和功能相结合的一种方式，在操作时，切割可形成很明确的语意感。如图 6-22 所示，切割除了可以形成诸如音箱的功能外，还可以形成其他操作面、显示面和支撑面等。若原型的选择相对单纯，切割可以使产品在满足功能的前提下，使外观得到有趣的调整。

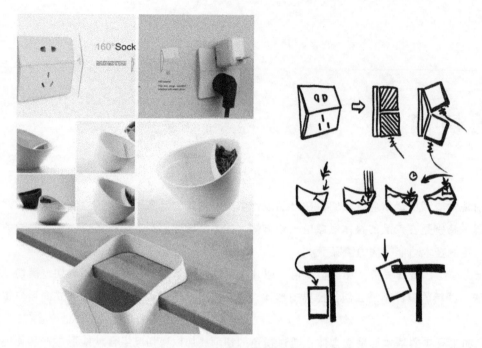

图 6-22 形的切割

（2）切割形成新的功能。特别是在家具设计中，切割构型是一种常用的方法。与产品设计切割的方法不同，在家具设计中，以切割线为基准将形体分割后，会考虑保留修改后的两个部分，将这两个部分形体结合，从而产生新的功能。

图 6-23 所示是由意大利设计师 Alessandro Busana 带领自己的设计团队为品牌 Smooth Plane 设计的 Cutline 系列家具。其产品理念是：用切割的设计让家具展示出更明确的功能性美感，增添产品的功能。该设计不禁使人联想到其内部可以储存更多的物品。

图 6-23 Cutline 系列家具创意设计

（3）切割传达力感。抽象的形态可以表达一种态势，即产品的内在力。因为任何线型、平面图形、三维形体看似抽象不可理解，但通过稍加整理分析，都可以获得一定的改变。比如直线的运动轨迹有基本的张力，即向线的两端发展；而曲线不同，它受到第三种力的影响，所形成的变化和趣味感更强。直线带给人稳定、平静、刚性的感受，而曲线带给人动感、活跃、柔和、弹力的感受。通过切割的方式引导人们感受力的作用对形体带来的变化，这种基于共同生活经验的力感表达是形态创作中很好的创作思路，可使设计师和消费者在形态的理解上产生良好的互动。

(4) 独特的切割面给产品带来新的情趣。如何创造性地采用不同的切割手法，以形成独特的切割面，引起用户的关注，是创作者运用切割手法创造形态时需要特别留意的。如图 6-24 所示，采用双曲面的方式进行切割会使产品形态呈现更多面的视觉美感，使形态的变化趋向灵动和感性。

如图 6-25 所示，由于切割后会产生形体表面的转折，工艺上分件的位置往往会选在转折处，有时候设计者利用分件，在切割位置的产品分件上处理对比的色彩和材质，借助一定的视觉心理特征，完成人们对产品余下部分的自我想象。这种视觉体验，很多时候会出现在生活场景中，比如咬一口豆沙馅的包子或者切开一个水果。所以，形态的创新来源很多，创作者只需细心观察、用心体味必然会得到一些感悟。

图 6-24　灯具设计和家具设计

图 6-25　切割处理

6.4
形的组合与过渡

6.4.1　形的组合

组合是指把一个形体的几个表面组合起来以确定其形状或容积的手法，我们把由两种以上的形体组件组合而成的构成方法，叫作组合造型。一个组合良好的形体，能够清晰地反映出各个组成部分的精确特性、彼此之间的关系以及每个部分与整体的关系。组合而成的形体，其表面是由形状独特、互不连续的面构成的，但是它们所构成的整体外形是清晰且易于辨认的。同样，接合而成的一群形体，为了在视觉上表现出它们的个性，就强化了各组成部分之间的接合处。

产品形态组件的组合方式如下。

1. 接触组合

接触组合是指产品的各个形态组件单元互不相交或包含，组件相互结合，在形体上没有相互依存的进一步关联，每个组件相对完整、独立。在家具设计中，使用这种手法最为普遍。接触组合的方式决定了组合中的形体之间的主次关系。体量相对较大的和动态比较明显的组件一般处于主导地位，影响产品形态的整体表达效果。图6-26所示的家具设计中，看似积木般的组合中包含着很多值得推敲的设计细节。

2. 镶嵌组合

镶嵌组合是指几个形态组件之间相互重叠，即一个形体的一部分嵌入另一个形体之中，使产品的空间形态凸凹有致，增添了产品的层次感，如图6-27所示。

图6-26　接触组合手法

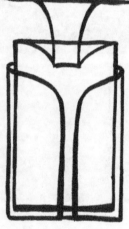

图6-27　镶嵌组合手法

3. 贯穿组合

贯穿组合与镶嵌组合的区别在于，贯穿组合是指一个形体穿越另一个形体的特殊镶嵌方式。通过这种组合方式，形态之间的呼应关系得到体现。各个组合体之间可以通过轴线方向的调整，增加形体活力。通过主导形体、次要形体和虚实空间的轴线变化，使产品的形态关系更为多变有趣，体块之间或突出垂直比例，或突出水平比例。所有的结合部位都要体现出一定的结构性和层面的错落有致，由此各方向间的平衡性联系也被建立起来。在贯穿组合中，轴线的变化对各形体组件之间的对比关系和角度调整起着突出作用，图6-28所示的滤水器和Margrit Linck陶瓷几何花瓶，因轴线偏移使产品形体产生了有趣的变化，所以任何细小的改变都会扰乱这种完美的平衡感和视觉张力。

4. 面片组合

"面片"一词通常被用在计算机三维建模软件中，用来表达

图6-28　贯穿组合手法

实体模型表面的组成部分。以片形为主的造型在产品设计中最为常见。与体块给人带来的全封闭的厚重感不同，面片的形态给人以明快、轻巧、纤薄的视觉特征，同时具备很强的节奏感和韵律感。如图 6-29 所示，是以面片为主要形态元素的取票机，竖向线条被不断强化，它的显示屏、主机、立柱支撑都以薄型为主，面片结构向内层层推进，显得空间层次丰富。

组合，是产品设计中最为常用的一种形体处理方式，因为产品的功能本身往往决定了产品由不同的组件组成。所以，在处理形态的过程中怎样将各级组件的组合关系处理得更具视觉美感，应注意把握它们的空间结构、轴线设置、形体比例等。对于这种无法精确计算但又真实存在的特征规律，需要我们在日常学习中不断揣摩，锻炼对形态的敏感度。正所谓"他山之石，可以攻玉"，广泛的阅读，多看多思考，多涉猎其他各个领域和学科的知识，从中领悟设计的真谛。

图 6-29　取票机

6.4.2　形的过渡

过渡是将两个不同形、不同色的组合单元通过另一形象或色彩使它们互相协调地联系起来，达到统一的造型效果。这是一种局部与局部之间的统一。过渡分为直接过渡和间接过渡两种形式。与强调接合及其工艺的做法相反，一个形体的转角可以是圆滑的，以强调其表面的连续性，或者将某种材料、色彩、质感或图案越过转角覆盖相邻的表面，以弱化各表面的特性，强调形体的体量。

1. 过渡的方式

（1）直接过渡。直接过渡的形式是突变性的。例如，墙体的折角部分，直接由某一曲面突然转折过渡到另一曲面，过渡曲面相交线尖锐、锋利，轮廓清晰，体现了速度感，给人以整体效果。如果两个面直接接触，而且转角处不加修饰，那么转角部位所呈现的形式取决于邻接表面所做的视觉处理。如图 6-30 所示的蘑菇灯具，这种转角状态强调的是形体的体量。

（2）间接过渡。间接过渡是利用第三个面或形体进行填充的方式来实现的。其第三个面或形体被称为过渡面或者过渡形体。由于形态中过渡区域的介入，使原来两个衔接形体组合变得丰富而具有韵律，看起来也更为和谐统一，这也是产品细部设计的方法。但是，在设计中应当注意过渡形态在材料及工艺上的要求，即合理性（见图6-31）。

图 6-30　蘑菇灯具

图 6-31　间接过渡形态处理

2. 过渡面的类型

过渡面，本身属于曲面的一种，其类型应和曲面类型一样或者近似。按照曲面的分类标准，我们可以把过渡面分为直线过渡面和曲线过渡面。

（1）直线过渡面，其过渡面为直线面，直线面是由直线型的母线运动形成的曲面。直线过渡面在工业设计、机械工程等学科中常直接称之为倒角，其英文为"chamfering"。不同的设计中，其表述和诠释略有不同。例如，在机械制图中通常用符号 C 的缩写来代替 chamfering。机械设计中倒角多为 45°，制成 30° 或 60° 的倒角要加以说明，倒角宽度数值可根据轴径或孔径查有关标准确定（见图 6–32）。倒角强调了形体表面的跳跃性、体量的残缺和形体的轻盈性，代表了韵律美。

（2）曲线过渡面，其过渡面为曲线面，曲线面是由曲线型的母线运动形成的曲面。曲线过渡面又分为规则曲线过渡面及不规则曲线过渡面。规则曲线过渡面在设计中一般称为倒圆角或者简称倒圆。在三维设计软件中对应的命令一般为"Fillet Surface""Radius Fillet"。不规则曲线过渡面最常见就是曲面混接（命令为"Blend Surface"），在 3D max 软件里面称为融合曲面。倒圆强调了形体表面的连续性、体量的密实性和外轮廓的柔和性，代表了节奏美。

按照格式塔心理美学追求简约的原则，对于产品造型而言，应该去掉一切过分的装饰，保留最简单的干练线条，形成简约的几何形态。事实上，目前多数优秀的产品设计都遵循了这一点，简约风格占据了主流市场（见图 6–33）。

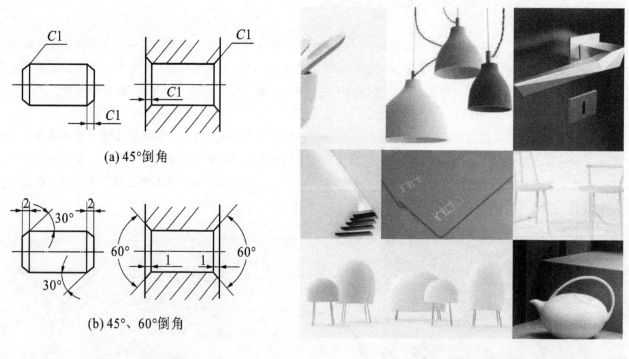

（a）45°倒角

（b）45°、60°倒角

图 6–32　直线过渡

图 6–33　产品的曲面过渡

当今设计界，简约受到广泛的推崇。但是，面的体量过大会让人感觉单调，吸引人注意的产品应当具有一定的层次和细节。通过富有变化的过渡面的介入，使原本觉得单调的形态产生了微妙的变化且具有韵律美感。用过渡面制造出来的产品细节，使其各部分的形态形成了有一定的变化和内在联系，是形式美法则中统一与变化规律的应用。例如关于公共自行车亭顶部的设计（见图 6–34）。

一般在产品形态处理中，考虑到外观的整体性、操作舒适度和工艺的便利性，设计师会在各个面转折的地方

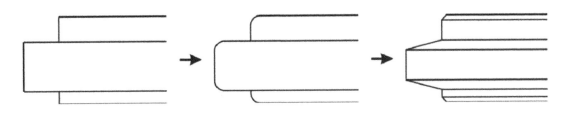

图 6-34　公共自行车亭顶部

做相应的处理，使相邻的面之间产品呼应关系，使形态整体饱满且富有变化。

以图 6-35 所示的 SONY 笔记本为例，早期造型呈扁方体，各个面之间呈直角连接，棱角清晰，后期开始关注各个面之间的转折变化和细节处理，在主操作面和侧面外设接口区域用过渡面连接，不仅使产品各个面之间产生良好的呼应关系，也是对产品主要功能区的重新整合。

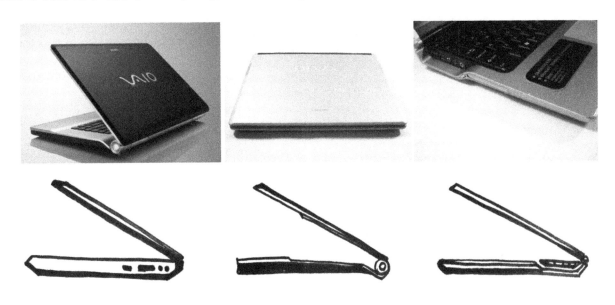

图 6-35　SONY 笔记本的侧面细节

6.5
形态设计综合

形态是产品设计中的一个重要因素，是产品与功能的中介，没有形态的中介作用，产品的功能就无法实现。本书探讨了产品形态的定义，论述了形态构成的基本原则，得出了产品形态创意的构成方法，旨在解决产品形态创意方面的问题。在产品设计中，形态的概念指的不仅是外形，而是一切要素的综合体。如图 6-36 所示，形态具有形状、色彩、亮度、体积和装饰等多种形式要素。

6.5.1 色彩

有形即有色，色彩是重要的视觉语言，它传递信息、表达感情、蕴神寓意。如一块纸尿布，未用时，平常无奇；一旦尿湿，一道彩虹图案赫然出现在宝宝的小屁屁上。这个小细节一方面提示父母宝宝该换纸尿裤了，另一方面"雨后见彩虹"的幽默让养育着婴幼儿的家庭常有机会展颜一笑。所以色彩是消费者确认产品价值的重要因素之一。色彩的发生，是光对人的视觉和大脑发生作用的结果。

色彩作为一种视知觉，需要经过光—眼—神经的过程，人才能见到。人对色彩与形状的反应同人的年龄、个性、情绪有关。色和形是不可分割的一体两面，二者相辅相成。只有实现色和形统一，整体和局部匀称、协调，才能引起美感。产品设计色彩计划是设计师按照产品的使用目的计划造型的配色及面积的处理方案。拟定色彩计划首要的任务是确定具有产品象征功能的主调色，而色彩象征功能的体现来自对产品功能和对造型材质及人们心理感受的思考。可见，设计时必须注重收集色彩情报，进行色彩嗜好的调查，为设计过程提供系统资料。色彩设计的基本原则包括满足产品的功能要求、满足人机协调的要求、满足作业环境的要求、满足色与形协调统一的要求，符合造型设计的形式美法则、符合时代的审美要求、符合不同国家和地区对色彩的爱忌等。色彩要素如见图 6-37 所示。

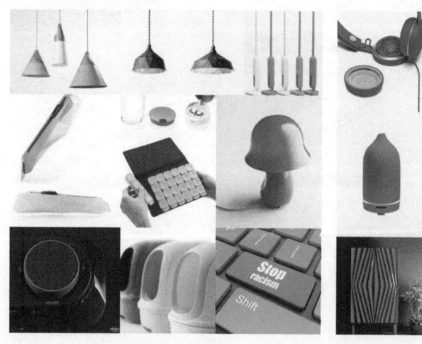

图 6-36　形态设计中的要素

图 6-37　色彩要素

6.5.2 光

无光则无明暗。设计师经常利用光线产生的起伏来显示产品的体积、质地，并以此增加产品的层次感。利用色彩和其象征功能及指示作用来设计各种功能的仪表、家用电器以及共享空间的指示装置。设计师利用光线的照射规律设计照明用具，并巧妙地利用光的功能来创造理想适宜的照明环境。光线是和形状、色彩、质感相配合使用的。一般来说，处于阴暗光阶的形体部位色彩偏冷、明度较低、质感粗糙结实，而明亮光阶的形体部位色彩纯度较高，明度较高，质感细腻，同时，该部位的形状凸起，这些处理使该部位的存在感一步一步地得到加强，各种处理手法相得益彰，此部位往往是该产品的主要功能部件所在，即产品的特征性形态要素，它要被突出更鲜明化，是和功能形式相统一突出艺术形象的哲理相一致的。而其他次要功能即辅助性形态要素的淡化低调处理，正是为了烘托特征性形态要素，如图6-38所示。

6.5.3 产品设计与自然、科技和社会的关系

产品设计与自然的关系主要体现为对称的观念及其在多领域的渗透；产品设计与科技和社会的关系则体现在当按某种计划或构想进行具体物的造型时绝不仅仅技术靠塑造，而是技术、形态和思想缺一不可，即使是技术也须从技法、技术和技能三个方面来衡量。任何造型物都与材料及加工技术密切相关。优秀的产品都能充分展现出材质的特性，当然，任何材料对于造型而言都存在一定的制约性。人们为了生存和发展，总是有效利用自然材料，采取适当的加工方法，创造适于生活和环境的物品，这些材料

图6-38 光在形态处理中的运用

及加工方法在漫长的历史中不断改良丰富，并一代一代继承下来逐步形成自己的风貌。在有效利用传统从事造型活动的同时，还要考虑是否合乎社会要求的创新设计，这是尝试利用传统技术以适应现代生活的造型方法要考虑的问题。风尚不但影响着人类的精神生活，也与产品造型有着直接的关系，需要引起设计师的重视。产品设计更是一项创造性的活动，好的设计并非只有漂亮的外观，其所蕴涵的科技、人文、市场及环境等因素，也要通过产品的形体而体现出来。科技的进步和消费者的爱好，都成为作用于产品设计的外力，使产品呈现出日益丰富的形态变化。

时代在发展，始终以物质的实质性形态而展现的产品，从物质形象上不断地表现着时代的活力。开拓产品形态，不仅要从产品的功能上开展，还应体现时代脉搏的跳动。对于设计师来说，只有"师法自然"，不断从大自然吸取营养，用平等的观念对待自然，勇于探索未知世界，才能丰富和充实自己的知识，扩大视野，在设计实践中不断创造出科学合理的产品形态。见人所未见，创人所未有，设计师应保持清醒的设计意识和对设计语言的准确把握，在产品开发设计中勇于尝试，将各种符合社会发展趋势的观念转化为产品形态，以产品实体促进社会的发展，以产品实态构成具有开辟新时代发展价值的产品形态。

6.6 创新思维方法与造型基础创新

设计思维实际上是围绕着造型过程中所产生的问题来展开的。所谓问题，是指当造型各个要素交织在一起时所产生的关系和矛盾。好的造型一定是问题的良好协调统一。通常营造良好的造型美感，需要处理好型的性能与

型的形式、型的构造和型的构性、材料的性能与材料的型之间的关系。解决这些环节之间的问题，需要循序渐进的思维方式。

6.6.1 设计思维的程序与方法

1. 观察的手法

在观察对象时，创作者需要关注对象的局部、现状和外部特征，以及对象的动态发展和内部影响因素。例如，通过观察，树是由根、干、茎、叶、枝等系统部件组成。这些部件的变化和差异来源于树内部的材质制约，树种和树的不同部位都会引起树本身的系统差异。当然，除了这些内因问题，同时还会受到环境、气候、时间、土壤等诸多外部因素的影响。如图 6-39 所示，利用一组看似没有任何联系的元素，通过艺术的设计思维加工，进行打散、重组等手段，完成一幅具有较好视觉美感的艺术作品。

图 6-39　视觉设计

在观察过程中，创作者通过局部与局部比较、整体与局部比较、个体与同类比较、不同阶段的比较，这种多层面多角度的观察方法，可更好地发现事物的本质特征。同时，创作者要从全局观察，善于联系和归纳（见图 6-40）。

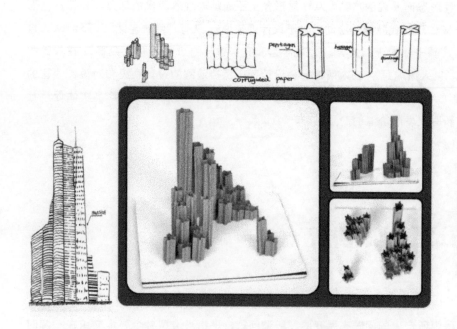

图 6-40　学生习作

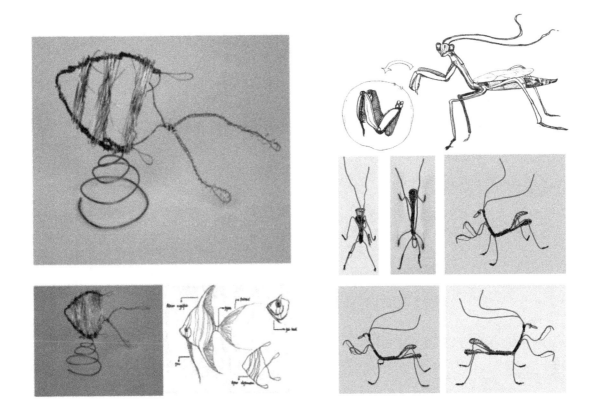

续图 6-40

2. 实施步骤

透过现象挖掘事物的本质，简而言之就是利用传统设计思维方式 + 视觉化思考。

具体的实施步骤如下。

理解主题：通过前期多方位观察，充分理解设计主题，合并同类型，找到切入口。

下定义：要得到一个指向性明确的方向需要考虑很多因素，比如设计者面对的用户是谁？设计者想解决什么问题？对于设计者想解决的问题，目前有哪些已有的假设？有什么相关联的不可控因素？设计者想要的短期目标和长远影响是什么？设计者的基本设计方法是什么？

头脑风暴：通过视觉化手段，尽可能多地找到不同的方法来解决问题。

6.6.2　联想与再造

现代造型基础理论系统介绍了形态、形态认知方法和表现方法，从剖析、透视、错觉到宏观与微观，从具象、抽象、心象、三维、四维到多维，从视觉、感觉、触觉、听觉到嗅觉等，全方位地反映了视觉传达系统的表现范畴。过去对于形态的创造，强调最多的是灵感，把创造主要归于灵感与智慧，现代造型基础理论提供了较为系统的认识论与方法论。如形态先行的造型设计方法，是在没有任何参考资料的情况下进行的纯形态造型设计，通过将已知材料和形态的切割、分解、反转、插接、移位、叠置、排列等手法重构，可以创造出全新的形态来，将抽象的形态赋予实际的用途和功能。例如，命题作一个灯的设计，大家想来想去还是脱不掉台灯、落地灯等一个灯泡外加一个灯罩的形态，而如果把设计主题换一种提法——一种"照明方式的设计"，这个主题给人延展的空间更大。所以，真正的设计应当是对未定型的产品建立一种新样式和标准，这样可供设计者发挥的空间才能变大。

本章重点与难点

1. 理解产品形态处理方法，并有意识地找到对应的设计案例对照分析。

2. 对产品设计的形态处理有自己的认识，运用面的凸凹、面的转折、形的切割、形的组合和过渡等形态处理手法，分析相关产品。

3. 结合创新思维方法，训练从观察事物到分析事物再到模拟形态的思考方式。

研讨与练习

1.分析如图 6-41 所示的具有明显凸凹形态变化的产品案例，理解其形态变化并观察产品形态的处理技巧。

要求：用线稿的方式尽量推敲设计细节，尽可能多地探讨造型的可能性，并在图纸上绘制形态的图解（A4纸）。

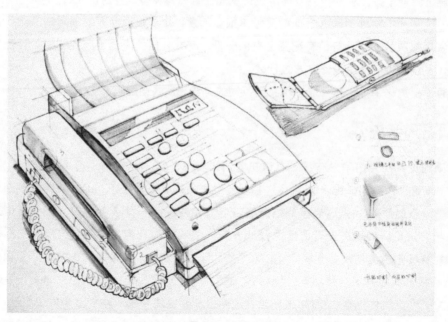

图 6-41　产品案例

2.收集如图 6-42 所示的产品案例，整理产品支撑部分的细节处理，并以支撑功能为前提，构思新的柱状体与块状体的组合方式。

要求：将组合构型的思路以草图方式描绘在 A4 纸上，不少于 20 个。

3.以解决事情为目的出题，设计制作与之相关的一款实用产品。提示：可以以喝水、丢垃圾、出行等具体事件为主线讨论分析。

图 6-42　产品案例

续图 6-42

第 7 章

综合造型基础课题系列练习

ZONGHE ZAOXING JICHU KETI XILIE LIANXI

7.1
形的审视

运用手与眼的配合，把握形态变化过程的度。训练对造型的敏感度，通过动手把握和用眼审视体会形态些微变化的异同，以及培养造型审美的感受能力和对造型的统一与变化、规律与韵律、严谨与生动的把握能力。

（1）用纸板或其他易切割的板材，做 10 片左右类等高线形截面，并呈一定逻辑递变，然后将这些截面按 10 mm 间隔排列起来，要求相邻的截面变化呈逻辑递增或递减。

将这 10 片左右截面组成整体，做水平 360° 旋转时，都要呈现不同形态（类似有机生物的形态），如图 7-1 和图 7-2 所示。该练习也可用胶泥代替板材进行设计，要求同上。

注意：在服从整个形体特征的前提下，调整各个截面使之各不相同。

图 7-1　形的审视（一）

图 7-2 形的审视（二）

（2）用 A4 复印纸若干，折叠、粘贴或扦插成一 30cm × 30cm × 30cm 左右的不规则空间形态，置于桌面，做水平 360° 旋转观察。要求从任意角度看都不相同。

注意：整体造型要在三维空间里有起伏跌宕，又要在变化中体现韵律，整体造型还要有视觉冲击。

（3）任选两件不相同的物体，要求在意义上应有一定关联。在这两个形态之间，做出两三个中间过渡阶梯形态，使两个选定形态通过中间的两三个形态变化，得以逻辑性、等量感地过渡，如图 7-3 所示。

图 7-3　形态的过渡

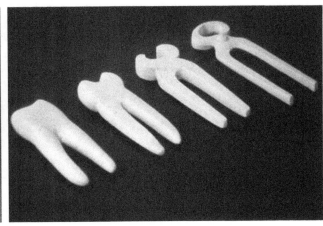

续图 7-3

注意：首先要提炼两个形态的特征，弄清其意义上的关联；每两个形之间的变化既要向下一个形的方向演化，还要能有步骤地过渡到终极型；造型变化的度是推敲、揣摩的重点。

7.2
形 的 支 撑

以研究材料力学性质为前提，通过结构设计发挥材料的力学特性，因势利导地造型，使材性、构性、型性和工艺性达到完美统一，并使设计的结构能支撑人们意想不到的质量。

设计者可通过再观察和研究自然界中生物的支撑结构获得灵感，也可通过学习、研究古今中外人造物的支撑结构汲取养料。例如：草秆、竹茎、龟壳、哺乳动物的弓形脊柱等；柱梁、拱券、桁架、摩天楼、跨海大桥等。认识统一结构的构性和结构的型性的方法；理解材料力学与结构力学的整合是设计的关注要点；掌握学习、研究自然和生活的方法，使时时处处观察、分析、思考成为习惯。

（1）用复印纸黏结成型以支撑砖的质量：尽可能少地用纸，研究和试验纸的受力特征和力学缺陷，找出纸张被破坏的原因。设计纸结构，使组合成型的纸结构至少支撑起两块砖。

注意：纸的受力边缘与砖接合处的处理；长方形砖的重心与纸结构支承轴线的重合；理解纸的受力特点与面形材的受力规律的共性。

（2）如图 7-4 所示，用细铅丝扭结成 30 cm 高的形体，支撑

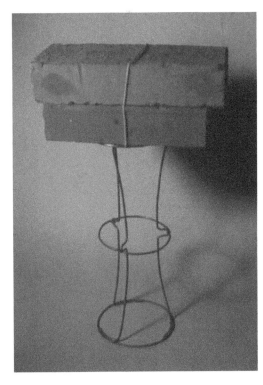

图 7-4 形的支撑（一）

至少两块砖的质量：尽可能少用铅丝，研究线性材料的受压特性、线性结构力学弱点以及被破坏原因，再运用线性材料垂直受力的结构形态，使不利受压却有利受拉的线材能承受较大的压力。

注意：长方形砖的重心与细铅丝造型轴线的重合；细铅丝形的上下两个端面的面积适当；理解线性材料的受力规律。

（3）设计并制作一个有一定跨度的桥，根据选用的材料承受不同的质量。

① 用尽可能少的报纸黏结成型，设计 50 cm 跨度的结构，承受两块砖的质量。

② 用尽可能少的一次性筷子和细棉线设计跨度为 60 cm 的结构，承受两块砖的质量。

③ 用尽可能少的薄白铁皮成型，放置在 80 cm 跨度间，承受自身的质量。

注意：研究线材、板材的受力特征和分析材料的受压、受拉结构形态规律；学习并理解拱桥、桁架、悬索等结构原理和规律以及结构节点的细节处理要点；同时，认识材料成型原理、工艺特征和结构与造型统一的设计规律，学会合理、繁简、经济、审美的协调是设计的灵魂。

④ 支撑的心理感受训练，分析和联想自然或生活中常见的现象或原理，设计体现出支撑 感觉的造型，如图 7-5 所示。

注意：此练习的目的是训练设计者理解造型对人心理感受的作用，训练在理解基础上通过联想造型，培养用形态语言和结构影响人心理感受的能力。

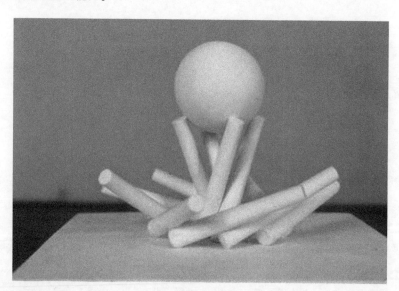

图 7-5 形的支撑（二）

7.3
形 的 过 渡

形的过渡有方形与圆形、方形与三角形、圆形与三角形的相互过渡，这三组过渡所含的三种基本形态——方、圆、三角可以在二维柱体或三维块形之间进行处理，但要求其过渡的原理、联想或创意是自然界或社会生活中易被识别、理解的现象和本质。

注意：形的过渡如图 7-6 所示。设计者可自行设定过渡连接的部位，但三组过渡的结构形式和连接方式要有统一的原则。可选一种材料，也可综合不同的材料，但不同材料的加工工艺、连接方式、造型特征等都要符合该材料的性质。作为最纯粹的三个形体，方、圆、三角分别代表了三种不同的情感，也是早期工业化生产中最容易实现的三个形态。正所谓万变不离其宗，研究、探索、实验其中过渡的原理，联想和创意是设计的基本功。

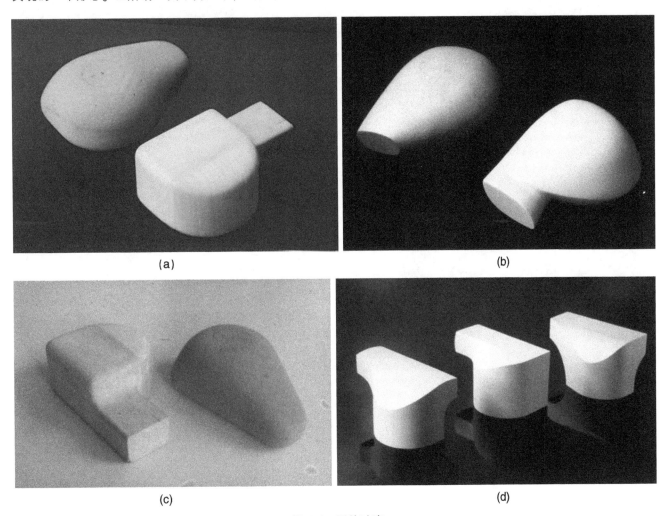

(a)

(b)

(c)

(d)

图 7-6　形的过渡

7.4
形的语意：形与行的随想

(1)有意义的设计一直都是以动词的方式存在着，而非单纯的形容词就能满足。思考形态与行为的关系，设计系列调节钮造型，要能指示操作调节方式，即用形的语言分别表示旋转、按下、提起这三种操作行为。调节钮的设计如图 7-7 所示。

注意：这三种调节钮的个性必须有统一的造型风格，即寓于共性之中；而其个性的表达也必须清晰、简洁，逻辑性强；可考虑调节钮的背景作用，也要发挥三维立体形态的光影效果。

(a)按插与旋转

(b)旋转

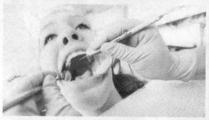

(c)拔

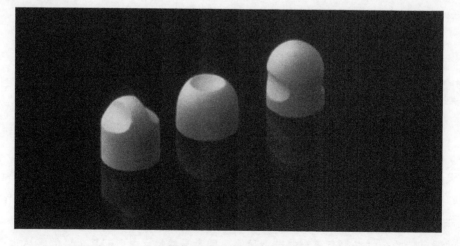

(d)调节钮的三种操作行为设计

图7-7 调节钮的设计

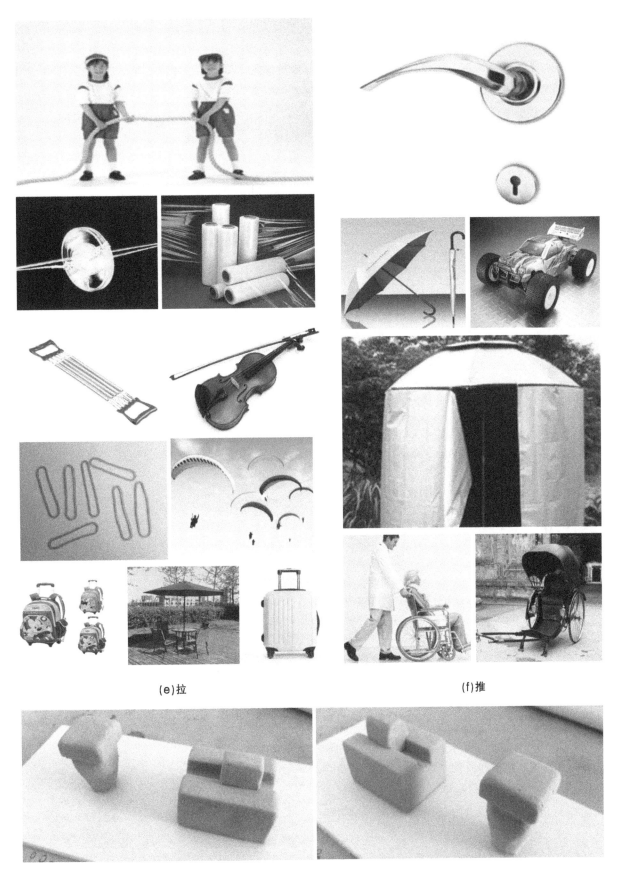

(e)拉

(f)推

(g)推与拉设计

续图 7-7

(2)如图7-8所示，根据某特定品牌汽车元素，做该品牌的相关延展产品设计，以提炼并表达该品牌及其企业的时尚精神、风格与特征等。

注意：设计者确定主题后，先研究主题的文字资料、形象信息，概括出该主题的总体印象，归纳并提炼其本质，然后用造型手法表达，使观者一目了然地明白所要表现的对象；通过该练习，设计者应学会研究文化及艺术的方法，要从时代背景、精神实质入手，再运用想象力，既直观又隐喻、既抽象又形象地表达出主题。

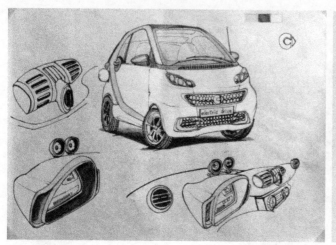

图7-8　延伸产品的设计

7.5
形 的 分 割

用相同单元构成稳定的正多面体。

首先研究正多面体的几何特性，它是一个中心对称的形体，可以是正四面体、正六面体或球体；然后思考多种分割成若干相同单元的可能性，该分割可以是相互穿插的或者相互连接的，如图7-9所示。

注意：由这些相同的单元组合后的正多面体应是稳定的、结实的（其力学结构是合理的，不仅是整体，其外缘的任意点、角、边棱和面受外力后都能传递到整个结构来承担）；制作单元的材料可以是线材、板材、块材，也可混合用材；所谓线材、板材、块材，可是铅丝、钢丝、绳、棉线、木条、塑料管、铁管、纸板、薄铁板、塑料板、胶合板、木块、泡沫塑料块等；单元的成型工艺要合理；单元的组合方式和顺序也要合理、简便，组成的正多面体不仅要稳定、结实，还应是比例协

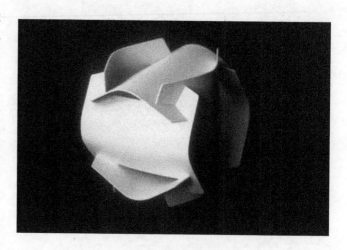

图7-9　形的分割

调、虚实相间、色质与肌理兼顾的；通过此作业，学生能建立起评价设计的标准，形成对设计的全面认识，实践并理解造型是对材料、工艺、结构优势互补和整合的结果。

7.6
形的创造与实现

7.6.1 乒乓球包装设计

要求学习者用复印纸或其他较薄的廉价纸板，将一组 6 个乒乓球包装起来。

乒乓球包装设计（见图 7-10）的要求如下。

(1) 要求尽量节约用纸、尽量不剪或少剪裁出废料。

(2) 包装的造型与结构要简洁，少占用大包装盒的空间。

(3) 乒乓球放入和取出包装时要简单易行且乒乓球又不易从包装中滑出。

(4) 包装结构要能显露乒乓球及其标志，不需在包装上注明被包的是乒乓球，以节约印刷费用。

(5) 包装造型要能方便在超市货架上陈列。

(6) 形态要有视觉冲击。

注意：运用折、叠、裁、局部剪切等利于机械化生产的工艺；结构构思要巧妙，善于利用乒乓球，放入后使纸型结构产生的意想不到的效果；剪切裂缝两端处要处理，防止乒乓球放入时破坏纸张结构。

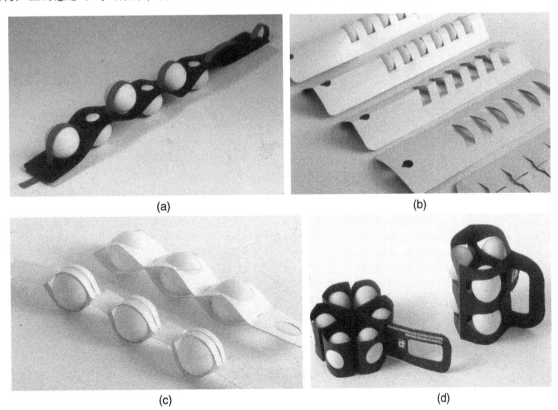

(a)　　　　　　　　　　　(b)

(c)　　　　　　　　　　　(d)

图 7-10　乒乓球包装设计

7.6.2　纸板坐具设计

要求学习者用包装箱纸板（双层瓦楞纸板）经裁、折、缝合等制作工序制成造型。

具体的设计要求如下。

(1)可以让人实现坐、登、靠、依、躺等行为。

(2)使用时不易破损。

(3)要易折平、易携带、少占空间。

(4)在符合以上条件的基础上，取用料最省的方案。

注意：学习者可先研究该纸板的横、纵向受压和拉的性能；再研究厚约 4 mm 的双层瓦楞纸间有三层牛皮纸在折叠时产生的褶皱、应力不均等现象，所以不宜多折、折前要处理折缝内缘的空间；剪裁处要做消除剪切应力的圆孔；纸板面垂直受人体压力时会不规则变形，因此要事先在纸板面上进行因势利导的压痕处理，以控制受压变形的形状；尽量不裁出废料，要充分利用翻折的纸板加强抗压力或拉力，保证纸板面在受压时不致被破坏；坐的姿势和坐具的造型要随机应变、别出心裁。

参考文献

[1] 柳冠中.事理学论纲 [M].长沙：中南大学出版社，2006.

[2] 郑建启，李翔.设计方法学 [M].北京：清华大学出版社，2006.

[3] 宗明明.德国现代设计教育理念与实践 [M].沈阳：辽宁美术出版社，2000.

[4] 柳冠中.综合造型设计基础 [M].北京：高等教育出版社，2009.

[5] 张黎.产品设计初步 [M].北京：清华大学出版社，2014.

后记

　　如何使学生具备创造性的复合型思维，进入科学的工业设计学科的思维轨道，是教学中必须要解决的问题。教师应从系统构架、设计思维方法、评价体系、应用技术等方面合理构建适应工业设计学科的基础平台课程和主干课程，使学生在学习一门乃至其他相关课程时目的明确，并能够在设计中合理运用相关的知识。产品设计造型基础课程旨在提高学生的综合创造能力，使其在设计过程中能系统地考虑问题，从而为专业课学习奠定良好基础。